JN050763

小学 3 年生

理科に

ぐーーんと

強くなる

学習指導要領対応

KUM🙂N

目次

第1章　植物の育ち方

1	身のまわりの生き物①	4 ページ
2	身のまわりの生き物②	6 ページ
3	たねまきと植物のめばえ①	8 ページ
4	たねまきと植物のめばえ②	10 ページ
5	植物のからだのつくり①	12 ページ
6	植物のからだのつくり②	14 ページ
7	花がさいてからかれるまで①	16 ページ
8	花がさいてからかれるまで②	18 ページ
9	たんげんのまとめ	20 ページ
	ひろげよう理科　春の七草ってなあに	22 ページ

第2章　こん虫の育ち方

10	モンシロチョウの育ち方①	24 ページ
11	モンシロチョウの育ち方②	26 ページ
12	こん虫のからだのつくり①	28 ページ
13	こん虫のからだのつくり②	30 ページ
14	こん虫の育ち方①	32 ページ
15	こん虫の育ち方②	34 ページ
16	動物の食べ物とすみか①	36 ページ
17	動物の食べ物とすみか②	38 ページ
18	たんげんのまとめ	40 ページ
	ひろげよう理科　ぼくたちは「こん虫」じゃないよ	42 ページ

第3章　風やゴムのはたらき

19	風のはたらき①	44 ページ
20	風のはたらき②	46 ページ
21	ゴムのはたらき①	48 ページ
22	ゴムのはたらき②	50 ページ

第4章　太陽とかげ

23	太陽の動きとかげ①	52 ページ
24	太陽の動きとかげ②	54 ページ
25	温度計の使い方①	56 ページ
26	温度計の使い方②	58 ページ
27	日なたと日かげ①	60 ページ
28	日なたと日かげ②	62 ページ
29	たんげんのまとめ	64 ページ
	ひろげよう理科　太陽の表面は6000℃	66 ページ

第5章　光と音

30	かがみで日光をはね返す①	68 ページ
31	かがみで日光をはね返す②	70 ページ
32	日光を集める①	72 ページ
33	日光を集める②	74 ページ
34	音①	76 ページ
35	音②	78 ページ
36	たんげんのまとめ	80 ページ

第6章　豆電球に明かりをつける

37	電気の通り道①	82 ページ
38	電気の通り道②	84 ページ
39	電気を通すものと通さないもの①	86 ページ
40	電気を通すものと通さないもの②	88 ページ
41	たんげんのまとめ	90 ページ
	ひろげよう理科　電池をつくろう	92 ページ

第7章　ものの形や体積と重さ

42	ものの形と重さ①	94 ページ
43	ものの形と重さ②	96 ページ
44	ものの体積と重さ①	98 ページ
45	ものの体積と重さ②	100 ページ
46	たんげんのまとめ	102 ページ
	ひろげよう理科　「重さ」と「てんびん」のれきし	104 ページ

第8章　じしゃくのはたらき

47	じしゃくにつくものとつかないもの①	106 ページ
48	じしゃくにつくものとつかないもの②	108 ページ
49	じしゃくのせいしつ①	110 ページ
50	じしゃくのせいしつ②	112 ページ
51	じしゃくについた鉄①	114 ページ
52	じしゃくについた鉄②	116 ページ
53	たんげんのまとめ	118 ページ
	ひろげよう理科　地球は大きなじしゃく	120 ページ
54	3年生のまとめ①	122 ページ
55	3年生のまとめ②	124 ページ
56	3年生のまとめ③	126 ページ

【写真，資料提供】（順不同，敬称略）PIXTA

答え➡別冊解答1ペー

1 身のまわりの生き物①

とく点

/100点

おぼえよう

虫めがねの使い方

小さな生き物や植物のつくりを虫めがねで見てみよう。

手で持てるもの

虫めがねを，目の近くで持ち，見るものを動かして，はっきり見えるところで止める。

手で持てないもの

虫めがねを動かして，はっきり見えるところで止める。または，虫めがねを，目の近くで持ち，自分が近づいたりはなれたりして，はっきり見えるところで止める。

✖ 目をいためるので，ぜったいに虫めがねで太陽を見てはいけない。

生き物をくらべよう

生き物は，しゅるいによって，色や形，大きさ，すんでいる場所などがちがっている。

記ろくカードの書き方

生き物のかんさつをするときには，色，形，大きさなど，何を調べるか決めてから，かんさつする。

テーマを書く。　　月，日を書く。

調べたこと，気づいたことを，絵や文でかく。

思ったことを文で書く。

チューリップのようす
4月22日

花だんにチューリップがさいていました。
・葉の形→細長い
・全体の大きさ→ひざの高さくらい。
・花の色→いろいろな色がある。
花がとてもきれいでした。

1

右の図は，手で持てるものを見るときの虫めがねの使い方を表したものです。図の（　）にあてはまることばを，　　からえらんで書きましょう。

（1つ10点）

虫めがねを①（　　　）の近くで持ち，

②（　　　）を動かして，はっきり見えるところで止める。

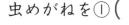

虫めがね　　見るもの　　目

② 身のまわりの生き物について，次の文の（ ）にあてはまることばを， ■■■ から
えらんで書きましょう。
（1つ10点）

> 生き物は，しゅるいによって，
> ①（ 　　　　　 ）や形，②（ 　　　　　 ），
> すんでいる場所などがちがっている。

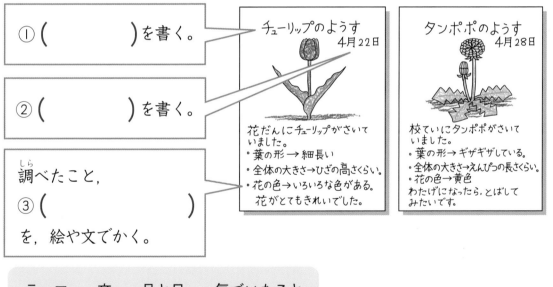

| 生き物 | 植物 | 色 | 形 | 大きさ |

③ チューリップとタンポポをかんさつし，記ろくしました。次の問題に答えましょう。
（1つ10点）

(1) 記ろくカードはどのように書きますか。図の（ ）にあてはまることばを，
　　 ■■■ からえらんで書きましょう。

①（ 　　　　 ）を書く。

②（ 　　　　 ）を書く。

調べたこと，
③（ 　　　　　　 ）
を，絵や文でかく。

> チューリップのようす　4月22日
> 花だんにチューリップがさいて
> いました。
> ・葉の形→細長い
> ・全体の大きさ→ひざの高さくらい。
> ・花の色→いろいろな色がある。
> 　花がとてもきれいでした。

> タンポポのようす　4月28日
> 校ていにタンポポがさいて
> いました。
> ・葉の形→ギザギザしている。
> ・全体の大きさ→えんぴつの長さくらい。
> ・花の色→黄色
> わたげになったら，とばして
> みたいです。

| テーマ | 文 | 月と日 | 気づいたこと |

(2) このかんさつから，チューリップとタンポポの葉の形や全体の大きさ，
　　花の色は，同じですか，ちがっていますか。それぞれ書きましょう。

① 葉の形　　　　　　（ 　　　　　　　　 ）

② 全体の大きさ　　　（ 　　　　　　　　 ）

③ 花の色　　　　　　（ 　　　　　　　　 ）

答え➡別冊解答1ペー

2　身のまわりの生き物②

とく点

/100点

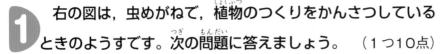

1　右の図は，虫めがねで，植物のつくりをかんさつしているときのようすです。次の問題に答えましょう。　（1つ10点）

(1)　図のように手で持てるものをかんさつします。はっきり見えるようにするためには，虫めがねとかんさつするものの，どちらを動かしますか。

（　　　　　　　　　　　）

(2)　次の文は，虫めがねを使うときの注意について書いたものです。正しいものには○を，まちがっているものには×を書きましょう。

①（　　　　）あまり目をあけないようにすれば，虫めがねで太陽を見てもよい。

②（　　　　）虫めがねではぜったいに太陽を見てはいけない。

③（　　　　）朝のうちなら，虫めがねで太陽を見てもよい。

(3)　かんさつしたことは，どのように記ろくしますか。正しいものを，次の㋐～㋑からえらびましょう。　　　　　　　　　　　（　　　　）

㋐　調べたことや気づいたことを絵や文でかくが，絵は本物と同じ大きさでかかなければならない。

㋑　調べたことや気づいたことは，すべて，文だけで書かなければならない。

㋒　調べたことや気づいたことのほかに，かんさつしたときに思ったことも書く。

㋑　調べたことや気づいたことのほかは，書いてはいけない。

2 身のまわりの生き物をかんさつしました。右の図は，チューリップとタンポポをかんさつしたときの，記ろくカードです。次の問題に答えましょう。

（１つ10点）

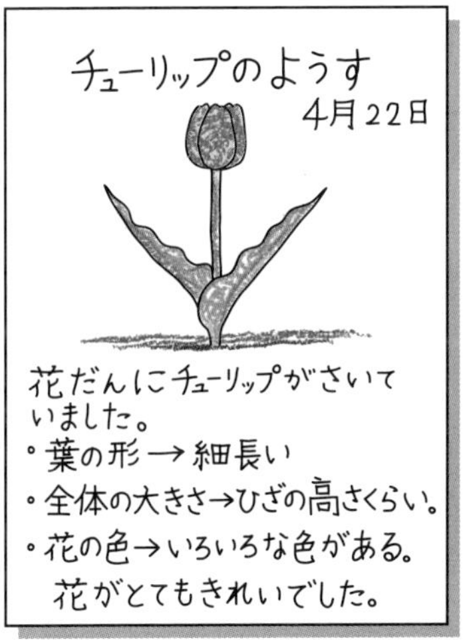
チューリップのようす
4月22日
花だんにチューリップがさいていました。
・葉の形→細長い
・全体の大きさ→ひざの高さくらい。
・花の色→いろいろな色がある。
花がとてもきれいでした。

タンポポのようす
4月28日
校ていにタンポポがさいていました。
・葉の形→ギザギザしている。
・全体の大きさ→えんぴつの長さくらい。
・花の色→黄色
わたげになったら，とばしてみたいです。

(1) 次の文は，記ろくカードからわかったことを書いています。それぞれ，チューリップとタンポポのどちらのことを書いたものですか。

① 全体の大きさはえんぴつの長さくらい。（　　　）

② 葉の形は細長く，ギザギザしていない。（　　　）

③ 校庭にさいていて，花はどれも黄色。（　　　）

④ 花だんにさいていて，いろいろな色の花がある。（　　　）

(2) アリとカエルをかんさつし，同じところやちがうところをくらべます。かんさつのしかたでもっともよいものを，次の㋐～㋒からえらびましょう。

（　　　）

㋐ はじめに，何をくらべるのかを決めてから，かんさつする。

㋑ はじめに，何も決めず，気づいたことだけをかんさつする。

㋒ カエルをかんさつするときと，アリをかんさつするときとで，調べることをべつにする。

3 たねまきと植物のめばえ①

答え ➡ 別冊解答1ペー

とく点

/100点

おぼえよう

たねのまき方

- たねをまく前には，土をよくたがやし，ひりょうをまぜておく。
- たねをまいたら水をたっぷりやる。その後は，土がかわかないように水をやる。

大きいたね（オクラ，ヒマワリなど）は，指であなをあけてたねを入れて，土をかける。

ひりょうをまぜた土
たね
指であなをあける

小さいたね（ホウセンカなど）は，たねをまいて，上から土を少しかける。

たね　ひりょうをまぜた土

植物のめばえ

植物のたねをまくと，やがてめが出て，子葉がひらく。しばらくすると，葉が出てくる。

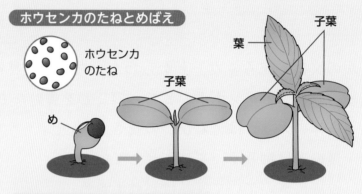

ホウセンカのたねとめばえ

ホウセンカのたね
子葉
め
葉　子葉

いろいろな植物のたねとめばえ

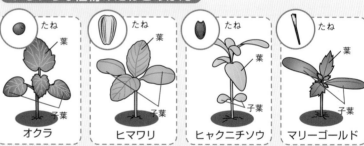

たね　葉　子葉
オクラ

たね　葉　子葉
ヒマワリ

たね　葉　子葉
ヒャクニチソウ

たね　葉　子葉
マリーゴールド

---

1 下の図は，ホウセンカのめが出て，育つようすを表したものです。子葉と葉はそれぞれどれですか。図の□□□にあてはまることばを書きましょう。同じことばを，くり返し使ってもかまいません。

（1つ10点）

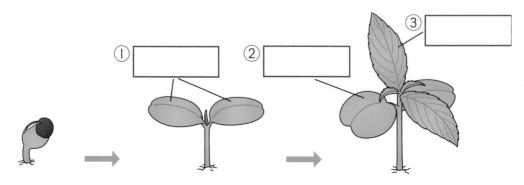

①　②　③

② 次の文は，たねをまくじゅんびと，まいた後の世話について書いたものです。（ ）にあてはまることばを，　　　　からえらんで書きましょう。 （1つ10点）

(1)　たねをまく前には，土をよく（　　　　　　　　　），ひりょうをまぜておく。

(2)　たねをまいたら，たっぷり

　①（　　　　　　　　　）をやる。その後は，土が

　②（　　　　　　　　　）ように水をやる。

> たがやして　　かためて
> ひりょう　　水
> かわく　　かわかない

③ 下の図は，いろいろな植物のめが出てから，しばらくたったときのようすを表したものです。図の□□□にあてはまることばを，　　　　からえらんで書きましょう。同じことばを，くり返し使ってもかまいません。 （1つ5点）

> 葉　　子葉　　め

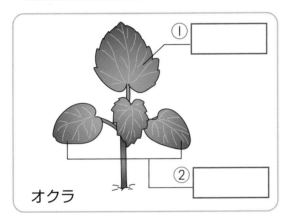

オクラ

① 　　②

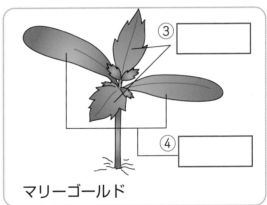

マリーゴールド

③ 　　④

④ 次の文の（ ）にあてはまることばを，　　　　からえらんで書きましょう。 （1つ10点）

　植物のたねをまくと，やがてめが出て，

　①（　　　　　　　　　）がひらく。しばらくすると

　②（　　　　　　　　　）が出てくる。

> 葉　　子葉　　め

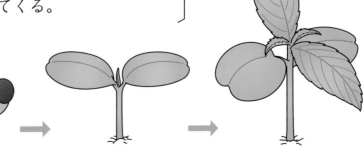

答え➡別冊解答2ページ

4 たねまきと植物のめばえ②

とく点　　/100点

1 右の図は，植物のたねのまき方を表したものです。次の問題に答えましょう。（1つ10点）

(1) 大きなたねをまくときには，㋐，㋑のどちらのまき方で，まきますか。

（　　　）

(2) 小さなたねをまくときには，㋐，㋑のどちらのまき方で，まきますか。

（　　　）

(3) たねをまく土には，まく前に，何をまぜておきますか。□からえらんで書きましょう。（　　　）

ほかのたね　　ひりょう

㋐ 指であなをあけて，たねを入れて土をかける。

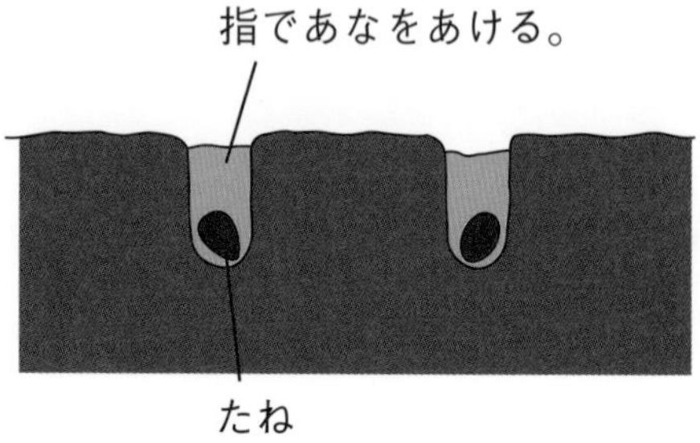

㋑ たねをまいて，上から土を少しかける。

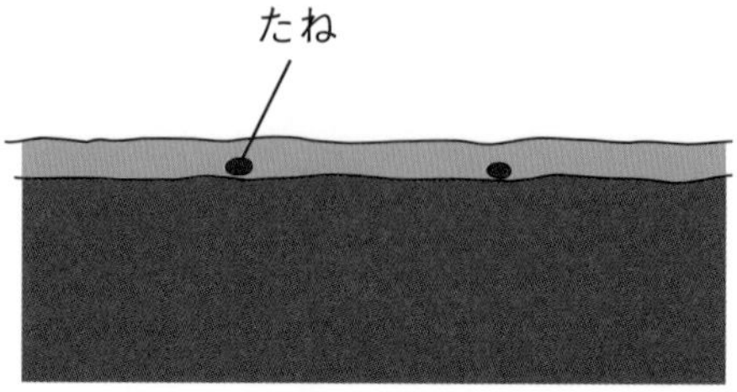

2 下の図は，いろいろな植物のめが出てからしばらくたったときのようすを表したものです。それぞれ何の植物ですか。□からえらんで書きましょう。

（1つ5点）

①

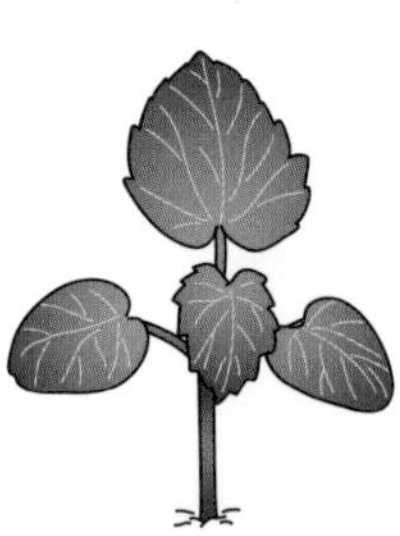

（　　　）

②

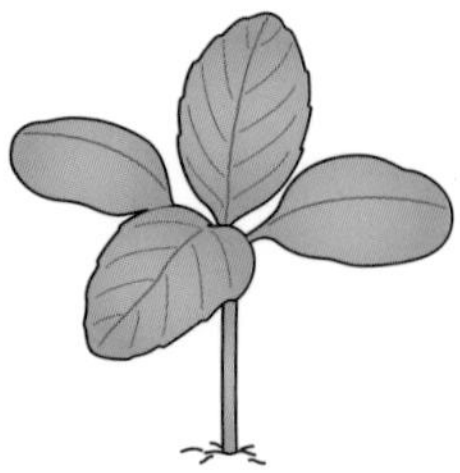

（　　　）

③

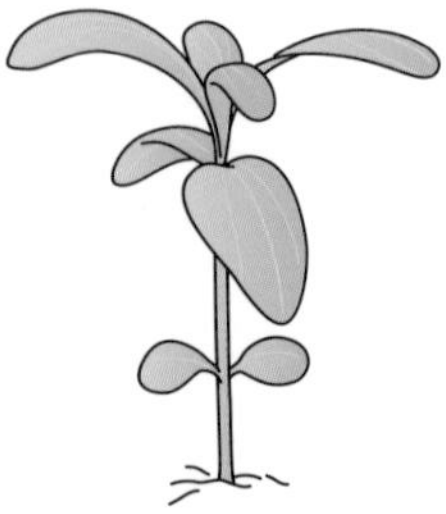

（　　　）

④

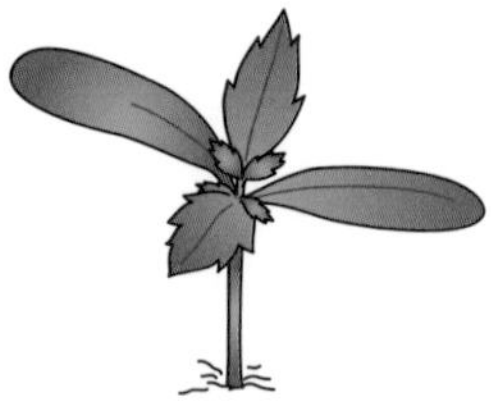

（　　　）

オクラ　　マリーゴールド　　ヒマワリ　　ヒャクニチソウ

[3] 植物の育(そだ)ち方について，次の問題に答えましょう。

（1つ5点）

(1)　ホウセンカのたねをまき，めが出た後，はじめにひらくのは何ですか。

（　　　　）

(2)　(1)がひらいてしばらくしてから出てくるのは何ですか。（　　　　）

(3)　(1)や(2)は，ほかの植物にもありますか，ありませんか。（　　　　）

(4)　右の図は，ホウセンカのめが出てから育(そだ)つようすを表したものです。㋐〜㋒をホウセンカが育つじゅんにならべましょう。

（　　→　　→　　）

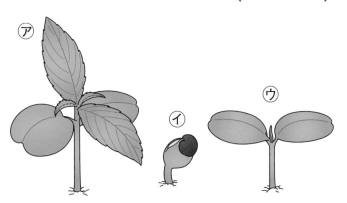

[4] ヒマワリのたねやめばえについて，答えましょう。

（1つ10点）

(1)　ヒマワリのめばえについて，正しいものを，次の㋐〜㋒からえらびましょう。（　　　　）

㋐　ヒマワリのめが出て，はじめにひらくのは葉(は)である。

㋑　ヒマワリのめが出て，はじめにひらくのは子葉(しよう)である。

㋒　ヒマワリには，めが出てはじめに葉がひらくものと，はじめに子葉がひらくものがある。

(2)　右の図は，いろいろな植物のたねと，めが出てしばらくたったころのようすを表したものです。ヒマワリは，それぞれどれですか。

たね（　　　　）

めが出てしばらくたったころ

（　　　　）

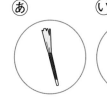

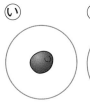

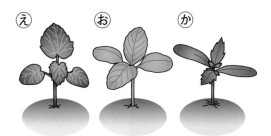

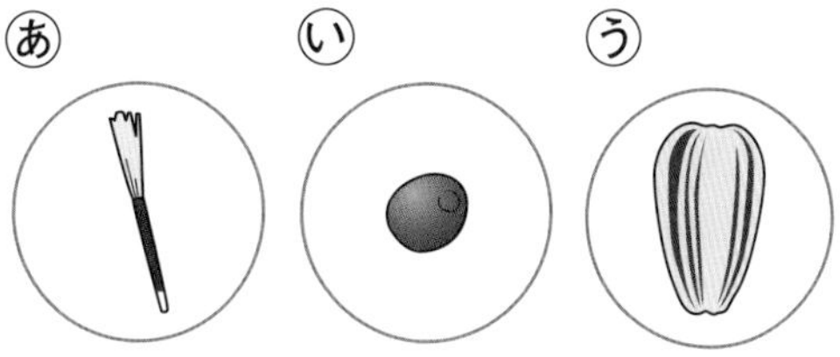

5 植物のからだのつくり①

とく点

/100点

おぼえよう

植物のからだのつくり

植物のからだは，葉・くき・根からできている。

・葉…くきについている。

・根…くきの下から出ていて，土の中にある。

※植物の高さのはかり方は教科書によってもちがうことがあります。この本では，地面からいちばん上の（新しい）葉のつけ根までを，植物の高さとしています。

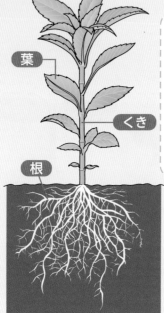

葉

くき

根

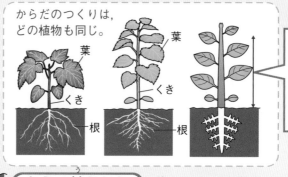

からだのつくりは，どの植物も同じ。

葉

くき

根

葉

くき

根

草たけ

植物の高さのことを草たけともいう。

なえの植えかえ

葉が6まいくらいになったら，花だんや大きい入れ物に植えかえて，育てる。

・植えかえる1週間ぐらい前に花だんなどの土をたがやして，ひりょうをまぜる。

・はちの土ごと，そっと植えかえて，水をやる。

さかさまにしてはちをはずす。

---

1 下の図は，ホウセンカ，オクラ，ヒマワリのからだのつくりを表したものです。葉，くき，根はどれですか。図の＿＿にあてはまることばを書きましょう。同じことばを，くり返し使ってもかまいません。

（1つ5点）

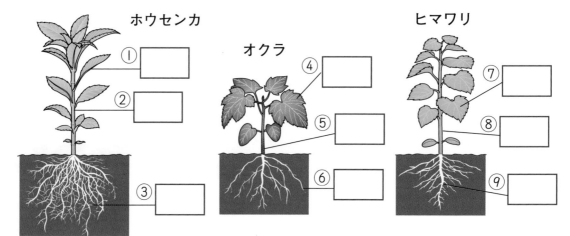

ホウセンカ

① □
② □
③ □

オクラ

④ □
⑤ □
⑥ □

ヒマワリ

⑦ □
⑧ □
⑨ □

2 次の文は，なえを植えかえるときにすることを書いたものです。どのようなじゅんじょで行いますか。行うじゅんに，（　）に数字を書きましょう。（1つ5点）

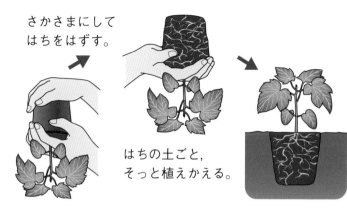

さかさまにしてはちをはずす。

はちの土ごと，そっと植えかえる。

① (　　　　) はちの土ごと，そっと植えかえる。

② (　　　　) 水をやる。

③ (　　　　) 花だんなどの土をたがやして，ひりょうをまぜる。

④ (　　　　) はちが入るくらいのあなをほる。

3 下の図は，植物のからだのつくりを表したものです。次の文の（　）にあてはまることばを，　　　　からえらんで書きましょう。同じことばを，くり返し使ってもかまいません。

（1つ7点）

植物のからだは，葉，

① (　　　　)，根からできている。葉は

② (　　　　) についており，③ (　　　　) は土の中にある。

このようなからだのつくりは，どの植物も

④ (　　　　)。

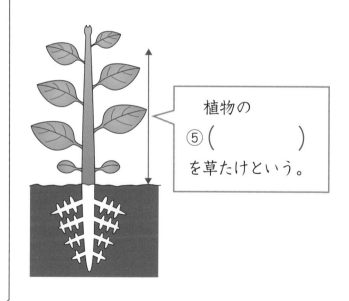

植物の ⑤ (　　　　) を草たけという。

| 高さ　先　葉　くき　根　同じ　同じではない |

答え➡別冊解答2ペー

6 植物のからだのつくり②

とく点

/100点

1 右の図は，ホウセンカのからだのつくりを表したものです。次の問題に答えましょう。（1つ5点）

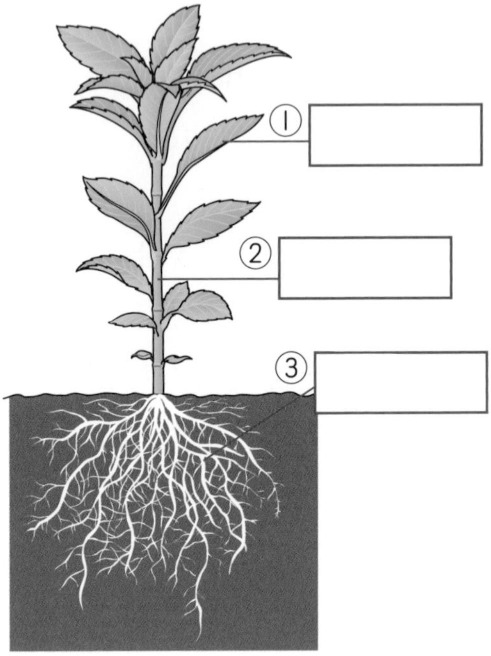

(1) 右の図の□にあてはまることばを，□からえらんで書きましょう。

葉　くき　根

(2) 葉は，植物のからだのどこについていますか。（　　　　）

(3) 植物のからだで，くきの下から出ているのは何ですか。

（　　　　）

2 右の図は，ホウセンカ，オクラ，ヒマワリのからだのつくりを表したものです。次の問題に答えましょう。（1つ2点）

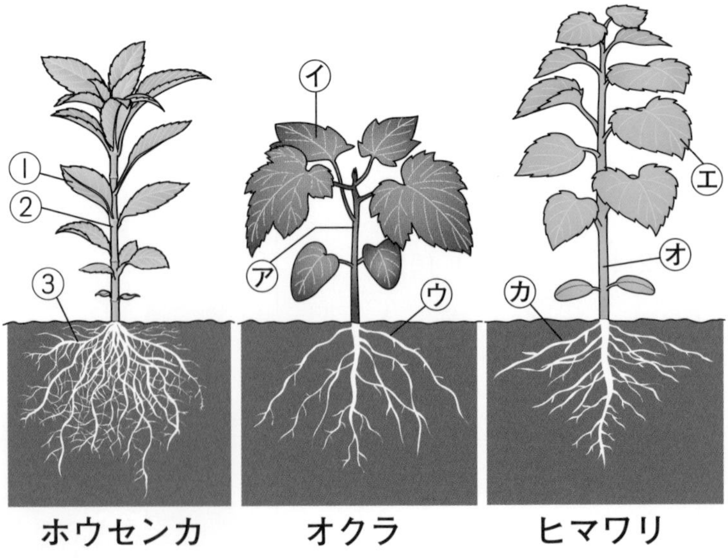

(1) ホウセンカのからだの①～③と同じところを，㋐～㋕から2つずつえらびましょう。

①(　　)(　　)　②(　　)(　　)　③(　　)(　　)

(2) 植物のからだのつくりは，どの植物でも同じですか，ちがっていますか。

（　　　　）

3 植物のからだのつくりについて，次の問題に答えましょう。

（1つ6点）

(1) 植物のからだは，どのような部分からできていますか。3つ書きましょう。（　　　　　）（　　　　　）（　　　　　）

(2) 植物のからだで，次の①，②の部分は何ですか。

① くきの下から出ている。（　　　　　）

② 葉がついている。（　　　　　）

(3) 植物の高さ（草たけ）をはかります。どこまでの長さをはかればよいですか。右の[ア]～[ウ]からえらびましょう。（　　）

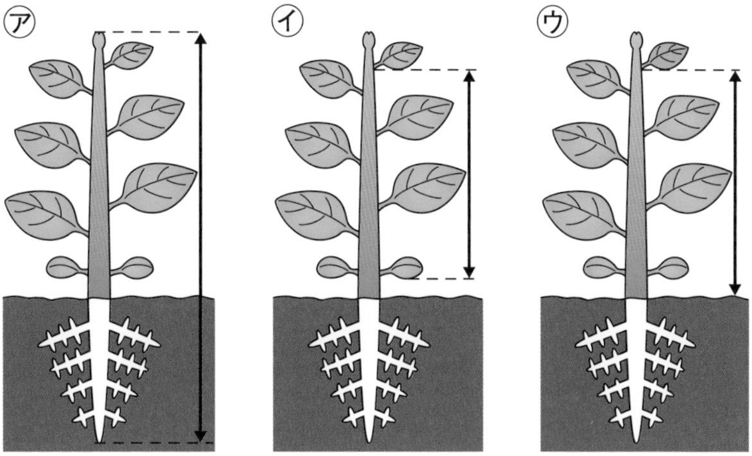

4 ホウセンカ，オクラ，ヒマワリのからだのつくりを調べました。これについて，次の問題に答えましょう。（1つ5点）

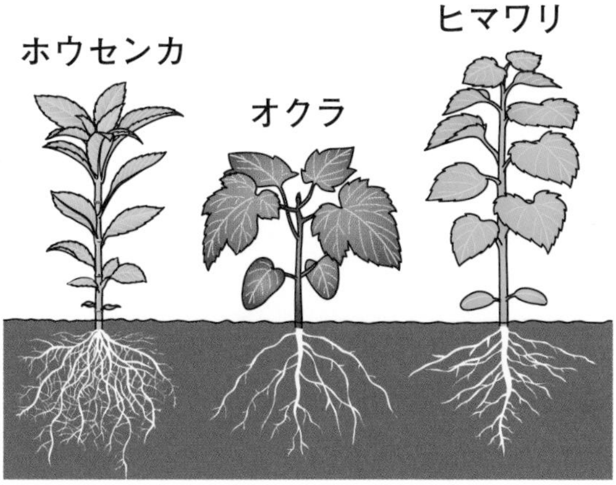

(1) ホウセンカ，オクラ，ヒマワリのからだは，どれも3つの部分からできていました。3つの部分の名前を書きましょう。

（　　　　　）（　　　　　）（　　　　　）

(2) 植物のからだのうち，土の中にあるのは何ですか。

（　　　　　）

(3) 植物のからだのうち，葉や根がついているのは何ですか。

（　　　　　）

答え➡別冊解答2ペー

7

花がさいてからかれるまで①

とく点

/100点

おぼえよう

たねをまいてからかれるまで

植物は，1つのたねからめばえ，葉をしげらせ，花をさかせる。花は，さいた後は実となり，たくさんのたねをのこして，やがてかれる。

ホウセンカ

つぼみ

花

実

たね

オクラ

オクラの実

ヒマワリ

ヒマワリの実

---

1 右の図は，ホウセンカの花がさいてからかれるまでのようすを表したものです。つぼみ，花，実，たねはどれですか。□にあてはまることばを書きましょう。
（1つ7点）

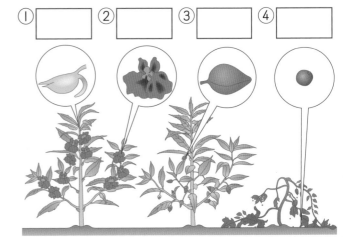

① □　② □　③ □　④ □

2 下の図は，オクラとヒマワリのようすを表したものです。それぞれ花と実はどれですか。□□□にあてはまることばを書きましょう。同じことばを，くり返し使ってもかまいません。

（1つ8点）

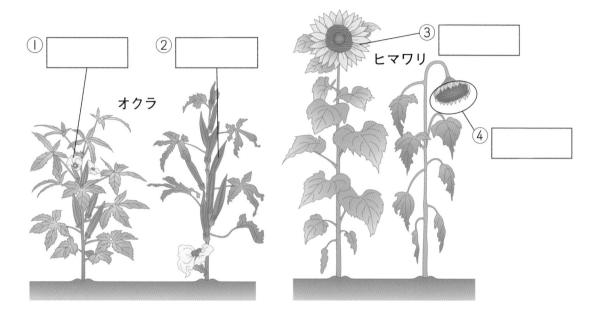

オクラ

ヒマワリ

① □□□
② □□□
③ □□□
④ □□□

3 次の文の（ ）にあてはまることばを，〔　　　　〕からえらんで書きましょう。同じことばを，くり返し使ってもかまいません。

（1つ8点）

植物は，1つの①（　　　　　）からめばえ，②（　　　　　）をしげらせ，③（　　　　　）をさかせる。花がさいた後は④（　　　　　）となり，たくさんの⑤（　　　　　）をのこして，やがてかれる。

たね　実　葉　花

8 花がさいてからかれるまで②

1 下の図は，ホウセンカやオクラ，ヒマワリのたねをまいてから，かれるまでのようすを表したものですが，じゅんじょがちがっています。それぞれ㋐〜㋔を，正しいじゅんじょにならべましょう。 （1つ10点）

(1) ホウセンカ（㋐→　　　→　　　→　　　→　　　）

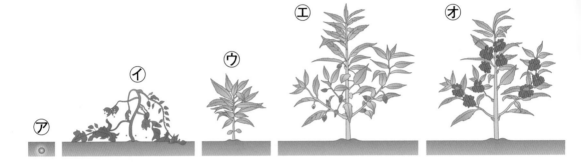

(2) オクラ（㋐→　　　→　　　→　　　→　　　）

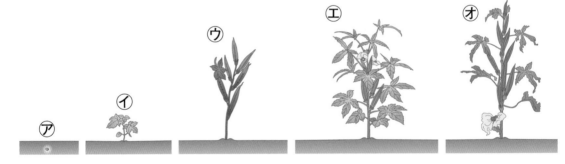

(3) ヒマワリ（　　　→　　　→　　　→　　　→　　　）

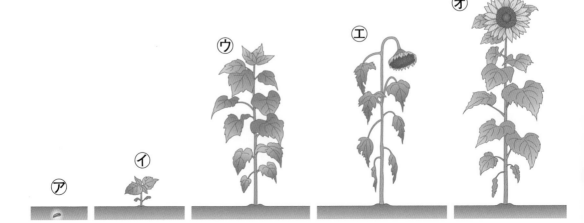

[2] 下の図は，ホウセンカのたねをまいてから，実ができるまでのようすを表したものです。次の問題に答えましょう。 （(1)，(2)１つ10点，(3)１つ５点）

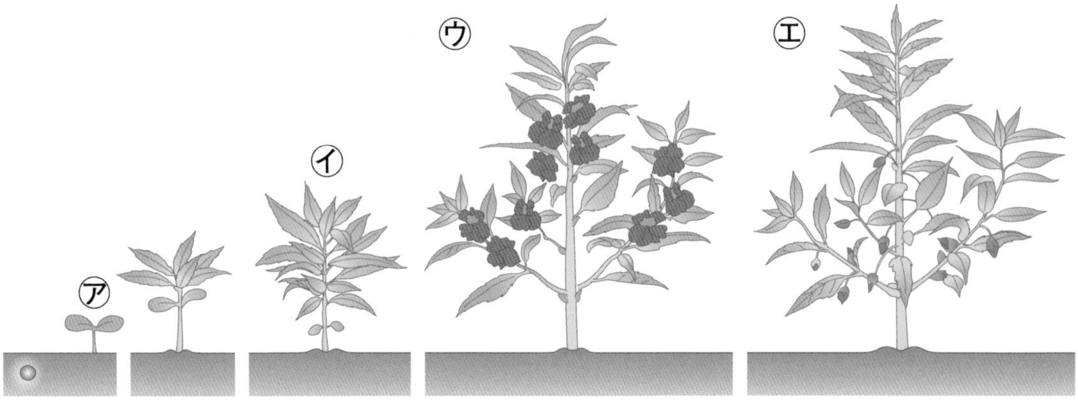

(1) 次の文は，ホウセンカの記ろくカードに書かれていたものです。それぞれ㋐～㋓のどのようすについて書いたものですか。

① 子葉が出てきました。とてもうれしいです。 （　　）

② 花がさいた後に実ができました。実は，さわるとはじけました。 （　　）

③ 大きく育って，葉の数がふえました。花もたくさんさいて，きれいです。 （　　）

④ くきがのびて，葉がたくさん出てきました。 （　　）

(2) ホウセンカはたねができた後，どうなりますか。

（　　　　　　）

(3) ホウセンカとヒマワリの，形や育ち方をくらべました。次の①～④について，ホウセンカとヒマワリで同じならば○を，ホウセンカとヒマワリでちがっていれば×を書きましょう。

①（　　）花や実の形。

②（　　）１つのたねからめが出て，葉がしげり，花をさかせること。

③（　　）できたたねの大きさや形。

④（　　）花はさいた後，実になり，たくさんのたねをのこして，やがてかれること。

9 たんげんのまとめ

とく点

/100点

1 ホウセンカのたねをまき，めばえのようすをかんさつしました。これについて，次の問題に答えましょう。

（1つ10点）

(1) 土にまいたたねから出てきためを，虫めがねでかんさつしました。

① めのように，手で持てないものを虫めがねで見るときには，どのようにしますか。右の図の㋐，㋑からえらびましょう。　（　　）

見るものを動かして，はっきり見えるところで止める。

自分が近づいたりはなれたりして，はっきり見えるところで止める。

② かんさつしたことを，記ろくカードに書きました。記ろくカードの書き方として正しいものを，次の㋐〜㋓からえらびましょう。　（　　）

㋐ 調べたことは，すべて文だけで書かなければならない。

㋑ 調べた月日は，書かなくてもよい。

㋒ 調べたときに思ったことや，かんそうは，書いてはいけない。

㋓ 調べるものが小さいときは，ようすがよくわかるように，実物より大きく絵をかいてもよい。

(2) たねをまくと，やがてめが出て，しばらくすると，右の図のようになりました。

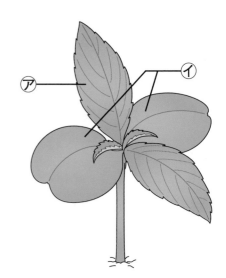

① ホウセンカのたねをまいたときに，はじめにひらくのは何ですか。

（　　　　　　）

② ①で答えたものは，右の図の㋐，㋑のどちらですか。　（　　）

2 **右の図は，めばえからしばらくたったころのオクラのようすを表したものです。これについて，次の問題に答えましょう。**

（1つ10点）

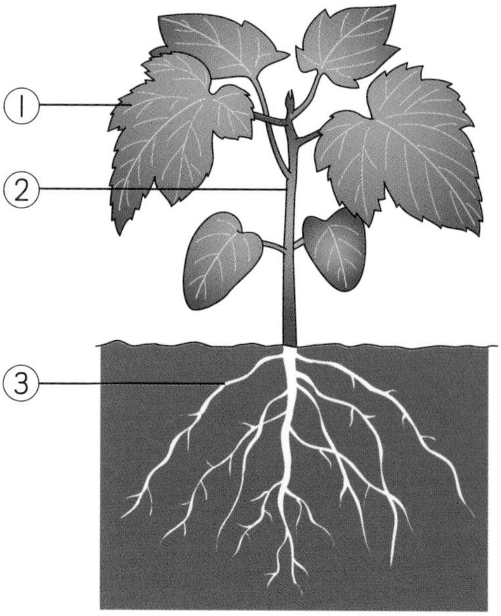

(1) 図の①～③の部分を何といいますか。それぞれ書きましょう。

①（　　　　　　）

②（　　　　　　）

③（　　　　　　）

(2) 「草たけ」とは何ですか。次の㋐～㋒からえらびましょう。（　　）

㋐ 植物の重さ　㋑ 植物のかたさ　㋒ 植物の高さ

3 **右の図は，ヒマワリのたねをまいてから，かれるまでのようすを表したものです。これについて，次の問題に答えましょう。** （1つ10点）

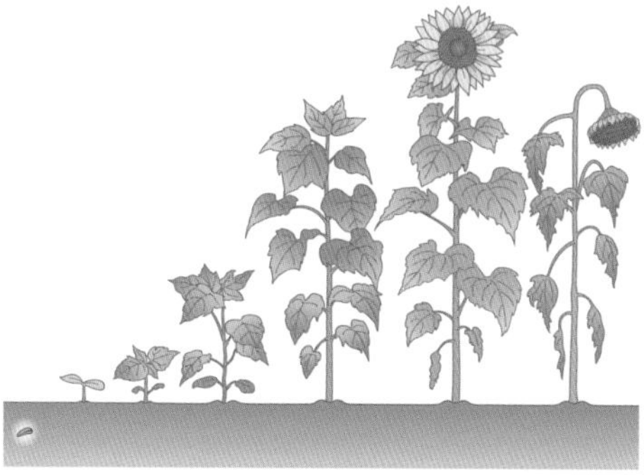

(1) ヒマワリはたねをまいてから，かれるまで，どのように育ちますか。次の㋐～㋓からえらびましょう。（　　）

㋐ めばえ。→花がさく。→葉がしげる。→実ができる。→かれる。

㋑ めばえ。→葉がしげる。→花がさく。→実ができる。→かれる。

㋒ めばえ。→花がさく。→実ができる。→葉がしげる。→かれる。

㋓ めばえ。→実ができる。→葉がしげる。→花がさく。→かれる。

(2) ヒマワリは，何をのこしてかれますか。次の㋐～㋓からえらびましょう。

（　　）

㋐ 実　㋑ たね

㋒ 花　㋓ 葉

春の七草ってなあに

春の七草ということばを聞いたことがありますか？

「せり・なずな・ごぎょう・はこべら・ほとけのざ・すずな・すずしろこれぞ七草」という，うたがあります。

むかしから，1月7日にこの春の七草を入れた，おかゆを食べるしゅうかんがあります。冬が終わり，春が来たことをよろこんで，春の七草を食べたのです。

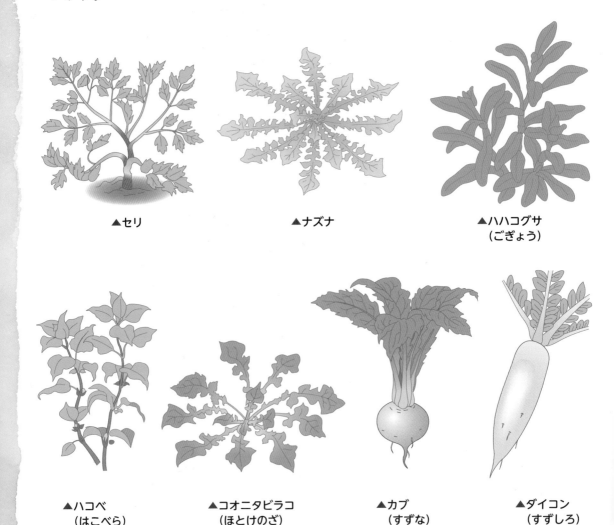

▲セリ

▲ナズナ

▲ハハコグサ
（ごぎょう）

▲ハコベ
（はこべら）

▲コオニタビラコ
（ほとけのざ）

▲カブ
（すずな）

▲ダイコン
（すずしろ）

このたんげんでは，身のまわりの生き物やたねまきと植物のめばえ，植物のからだのつくりなどについて学習しました。春の七草について調べてみましょう。

春の七草は，葉を食べるものとくきを食べるもの，根を食べるものとに分けられます。

● 葉を食べるもの…セリ，ナズナ，ハハコグサ，ハコベ，コオニタビラコ

● くきを食べるもの…カブ

● 根を食べるもの…ダイコン

　それでは，わたしたちがいつも食べているやさいは，葉・くき・根などのうち，どの部分を食べているのでしょうか？

根を食べるもの	サツマイモ，ニンジン，ゴボウなど。
くきを食べるもの	アスパラガス，ジャガイモ，サトイモなど。
葉を食べるもの	キャベツ，レタス，ハクサイ，ホウレンソウなど。
実を食べるもの	トマト，ナス，キュウリ，オクラなど。
たねを食べるもの	トウモロコシ，コメ，ダイズなど。
花のつぼみを食べるもの	カリフラワー，ブロッコリーなど。

自由研究のヒント

　春の七草のことは，ここで学習しましたね。春の七草にたいして，秋を代表するといわれている草花を，秋の七草といいます。

　秋の七草は食べるのではなく，お月見のときにかざって楽しみます。秋の七草について調べてみよう。

10 モンシロチョウの育ち方①

とく点

/100点

おぼえよう

モンシロチョウの育ち方

モンシロチョウは，たまご ➡ よう虫 ➡ さなぎ ➡ せい虫 のじゅんに育つ。

たまごは黄色で，大きさは1mmくらい。

せい虫

たまご

たまごからよう虫が出てくる。まず，からを食べる。

じっさいの大きさ

せい虫は花のみつをすう。

キャベツの葉のうらがわにたまごをうみつける。

からを食べ終わると，葉を食べ始める。

さなぎのときは，何も食べない。しだいにはねのもようがすけて見えてくる。

モンシロチョウのよう虫は，キャベツの葉を食べ，皮をぬいで大きくなる。

よう虫

1
2
3
4

さなぎ

さなぎからせい虫が出てくる。

よう虫の間に4回，皮をぬぐ。

カイコガ

カイコガのよう虫は，クワの葉を食べて育つ。

アゲハ

アゲハはミカンやサンショウ，カラタチなどにたまごをうみ，よう虫はそれらの葉を食べて育つ。

---

1 下の図は，モンシロチョウの育つじゅんじょを表したものです。□□□にあてはまることばを，▭からえらんで書きましょう。 （1つ10点）

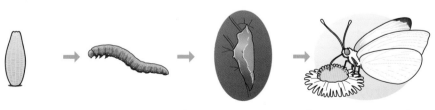

たまご　①□□□□　②□□□□　③□□□□

せい虫
よう虫
さなぎ
たまご

2 下の図は，モンシロチョウがさなぎからせい虫になり，たまごをうむまでのようすを表したものです。□□にあてはまることばを，〓〓〓からえらんで書きましょう。

（1つ10点）

さなぎ

① ［　　　　　　　　　　　］から
せい虫が出てくる。

せい虫

② ［　　　　　　　　　］の葉の
うらがわにたまごをうみ
つける。

| キャベツ　　　クワ　　　よう虫　　　さなぎ |

3 モンシロチョウの育ち方について，次の文の（　）にあてはまることばを，〓〓〓からえらんで書きましょう。

（1つ6点）

(1) モンシロチョウは，①（　　　　　　　）→②（　　　　　　　）→
③（　　　　　　　）→④（　　　　　　　）のじゅんに育つ。

(2) モンシロチョウのよう虫は，（　　　　　　　）の葉を食べ，皮をぬいで大
きくなる。

| せい虫　　　よう虫　　　たまご　　　さなぎ　　　ミカン　　　キャベツ |

4 カイコガやアゲハのよう虫の育ち方について，次の文の（　）にあてはまることばを，〓〓〓からえらんで書きましょう。

（1つ10点）

カイコガのよう虫

アゲハのよう虫

(1) カイコガのよう虫は，（　　　　　　　）の葉を食べ
て育つ。

(2) アゲハのよう虫は，（　　　　　　　）やサンショウ，
カラタチなどの葉を食べて育つ。

| ミカン
キャベツ
クワ |

答え➡別冊解答4ペー

11 モンシロチョウの育ち方②

とく点

/100点

1 モンシロチョウのさなぎについて，次の問題に答えましょう。

（1つ10点）

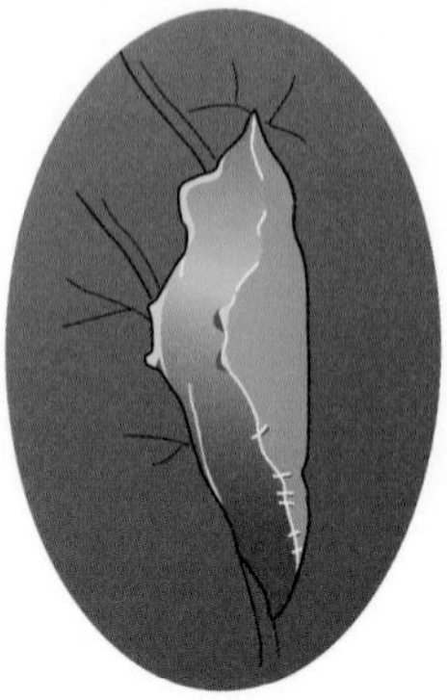

(1)　モンシロチョウは，さなぎのときにはえさを食べますか，食べませんか。（　　　　　）

(2)　モンシロチョウのさなぎは，しだいにどうなりますか。次の㋐，㋑からえらびましょう。（　　　）

㋐　緑色がしだいにこくなっていく。

㋑　はねのもようが，すけて見えてくる。

2 モンシロチョウのよう虫について，次の問題に答えましょう。

（1つ10点）

(1)　モンシロチョウのよう虫は，たまごから出てくると，まず何を食べますか。（　　　　　）

(2)　モンシロチョウのよう虫は，よう虫の間に何回皮をぬぎますか。

（　　　　　）回ぬぐ

(3)　モンシロチョウのよう虫をかうときに，入れなくてはならない食べものは何ですか。（　　　　　）

3 カイコガやアゲハについて，次の問題に答えましょう。

（1つ10点）

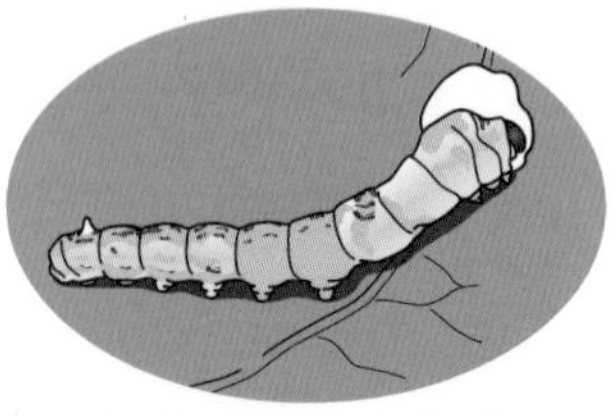

カイコガのよう虫

アゲハのよう虫

(1)　カイコガのよう虫は，何の葉を食べて育ちますか。（　　　　　）

(2)　アゲハは，どこにたまごをうみますか。次の㋐～㋒からえらびましょう。（　　　）

㋐　ミカンやカラタチの花　　㋑　キャベツの葉

㋒　ミカンやカラタチの葉

4 　下の図は，モンシロチョウが育っていくようすを表したものです。モンシロチョウがたまごから育つじゅんに，㋐～㋖を書きましょう。　　　　　　（10点）

（たまご→　　　　→　　　　→　　　　→　　　　→　　　　）

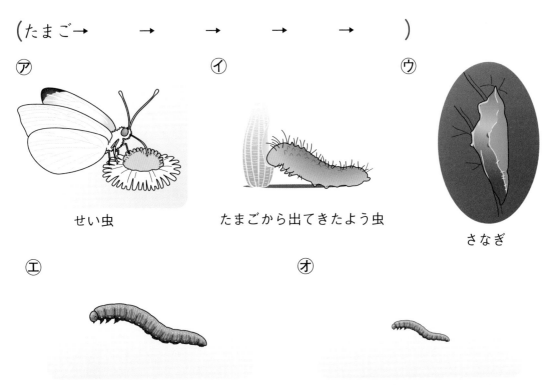

㋐
せい虫

㋑
たまごから出てきたよう虫

㋒
さなぎ

㋓
4回，皮をぬいだよう虫

㋔
2回，皮をぬいだよう虫

5 　キャベツの畑にモンシロチョウが多くとんでいました。これについて，次の問題に答えましょう。　　　　　　（1つ10点）

(1) 　キャベツの畑にモンシロチョウが多くとんでいたのはどうしてですか。次の㋐～㋒からえらびましょう。　　　　　　（　　　　）

　　㋐　モンシロチョウのせい虫は，キャベツの葉を食べるから。

　　㋑　モンシロチョウのせい虫は，キャベツの葉にいる虫を食べるから。

　　㋒　モンシロチョウのせい虫は，キャベツの葉にたまごをうむから。

(2) 　モンシロチョウが多くとんでいた畑のキャベツの葉のうらがわには，黄色で，大きさが1mmくらいの小さなつぶのようなものがついていました。これは何ですか。次の㋐～㋒からえらびましょう。　　　　　　（　　　　）

　　㋐　モンシロチョウのふん　　㋑　モンシロチョウのさなぎ

　　㋒　モンシロチョウのたまご

12 こん虫のからだのつくり①

とく点

/100点

おぼえよう

チョウ，トンボ，バッタなどのからだのつくり

チョウ，トンボ，バッタなどのからだは，頭，むね，はらの３つの部分からできていて，むねにあしが６本ある。このようなからだのつくりをもつなかまをこん虫という。

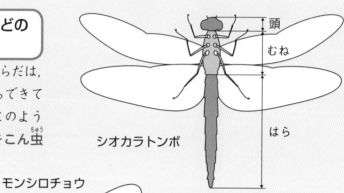

シオカラトンボ

頭
目や口，しょっ角がある。

モンシロチョウ

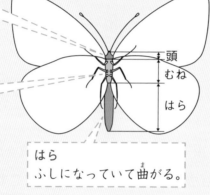

頭
むね
はら

ショウリョウバッタ

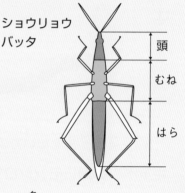

頭
むね
はら

むね
あしやはねがついている。

はら
ふしになっていて曲がる。

こん虫の目・口・しょっ角

・こん虫の目も，人の目と同じように，食べものをさがしたり，まわりのようすを見てきけんを感じとったりする。

・しょっ角も，まわりのようすを知るのに役立っている。

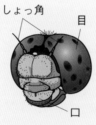
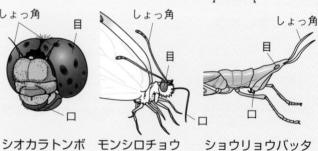

しょっ角　目　口

シオカラトンボ　モンシロチョウ　ショウリョウバッタ

① 右の図は，シオカラトンボのからだのつくりを表したものです。□にあてはまる名前を，　　　　からえらんで書きましょう。

（１つ６点）

頭　むね　はら

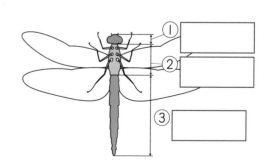

①
②
③

2 下の図は，モンシロチョウとショウリョウバッタのからだのつくりを表したものです。次の問題に答えましょう。同じことばを，くり返し使ってもかまいません。（1つ5点）

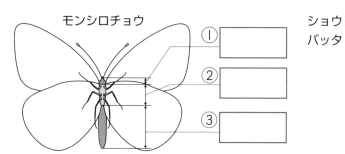

モンシロチョウ

① _____
② _____
③ _____

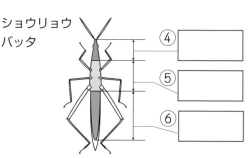

ショウリョウバッタ

④ _____
⑤ _____
⑥ _____

(1) 図の_____にあてはまる名前を，_____からえらんで書きましょう。

(2) モンシロチョウやショウリョウバッタのはねとあしは，からだのどこの部分についていますか。_____からそれぞれえらびましょう。

はね（　　　　　　　）　　あし（　　　　　　　　　）

> 頭　　むね　　はら

3 下の図は，こん虫の頭のようすを表したものです。_____にあてはまる名前を，_____からえらんで書きましょう。
（1つ7点）

① _____

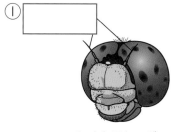

シオカラトンボ

② _____

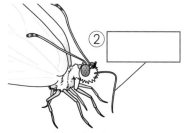

モンシロチョウ

③ _____

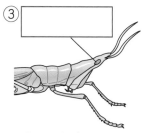

ショウリョウバッタ

> 目　　しょっ角　　口

4 次の文は，チョウ，トンボ，バッタなどのからだのつくりについて書いたものです。（　）にあてはまることばや数字を，_____からえらんで書きましょう。

（1つ7点）

> チョウ，トンボ，バッタなどのからだは，頭，むね，①（　　　　　　）の3つの部分からできていて，あしが②（　　　　　　）本ある。このようなからだのつくりをもつなかまを③（　　　　　　）という。

> はら　　しり　　4　　6　　こん虫　　植物

答え➡別冊解答4ペー

とく点

/100点

13 こん虫のからだのつくり②

1 次の文は，こん虫のからだのつくりについて書いたものです。(　)にあてはまることばを，[　　]からえらんで書きましょう。（1つ5点）

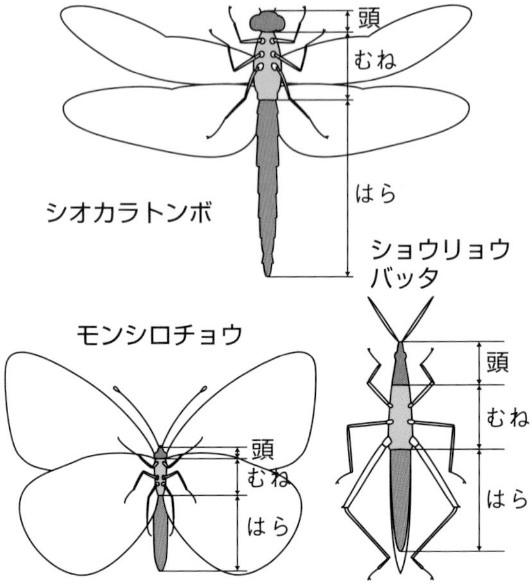
頭
むね
はら
シオカラトンボ
ショウリョウバッタ
モンシロチョウ
頭
むね
はら
頭
むね
はら

(1) 頭には，目や口，(　　　　)がある。

(2) むねには，(　　　　)やはねがついている。

(3) はらは，(　　　　)になっている。

ふし	つの	あし	とげ	しょっ角

2 右の図は，シオカラトンボ，モンシロチョウ，ショウリョウバッタの頭のようすを表したものです。これについて次の問題に答えましょう。（1つ6点）

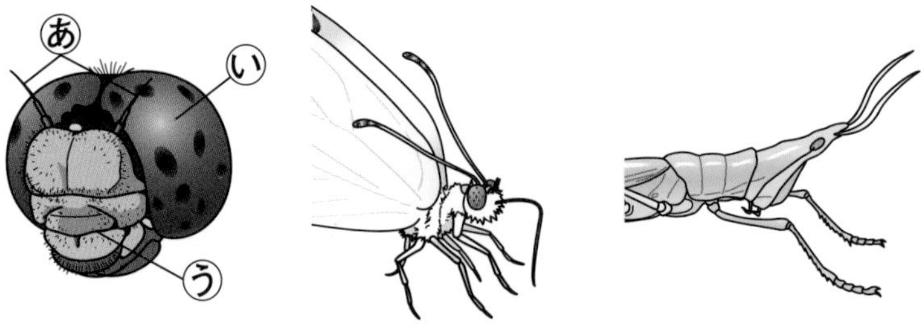
[あ]
[い]
[う]

シオカラトンボ　モンシロチョウ　ショウリョウバッタ

(1) こん虫の目やしょっ角は，どのようなことに役立っていますか。次の㋐～㋒からえらびましょう。(　　)

㋐ えさをはさむのに役立っている。

㋑ まわりのようすを知るのに役立っている。

㋒ からだをささえるのに役立っている。

(2) シオカラトンボのしょっ角，目，口はどれですか。図の[あ]～[う]からえらびましょう。

しょっ角(　　)　目(　　)　口(　　)

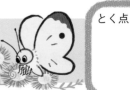

3

シオカラトンボ，モンシロチョウ，ショウリョウバッタのからだのつくりについて次の問題に答えましょう。

（1つ5点）

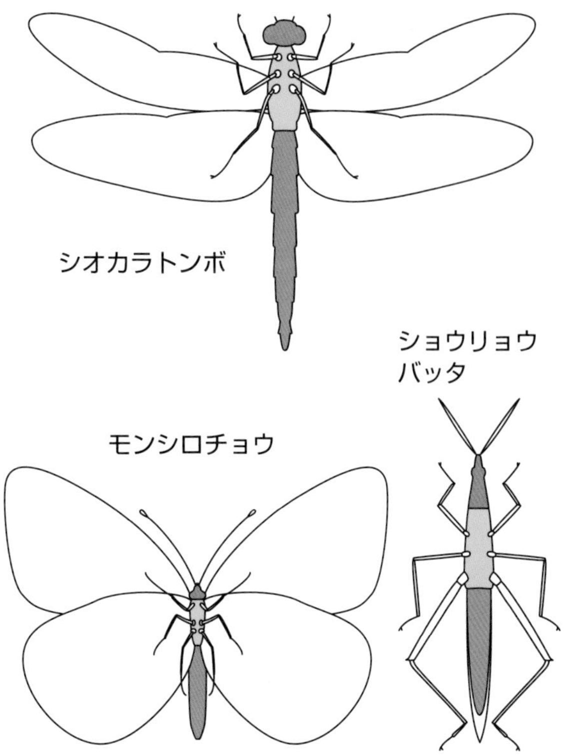

(1)　シオカラトンボのはねは，からだのどこの部分についていますか。　（　　　　　　）

(2)　モンシロチョウやショウリョウバッタのあしは，からだのどこの部分についていますか。

（　　　　　　）

(3)　シオカラトンボ，モンシロチョウ，ショウリョウバッタのように，からだが３つの部分からできていて，あしが６本あるなかまを，何といいますか。　（　　　　　　）

(4)　シオカラトンボやモンシロチョウ，ショウリョウバッタの頭についていて，まわりのようすを知るのに役立っているものは何ですか。２つ書きましょう。　（　　　　　　）（　　　　　　）

4

右の図は，モンシロチョウのからだのつくりを表したものです。㋐～㋒の名前と，ついている部分を，下の表にまとめましょう。

（1つ6点）

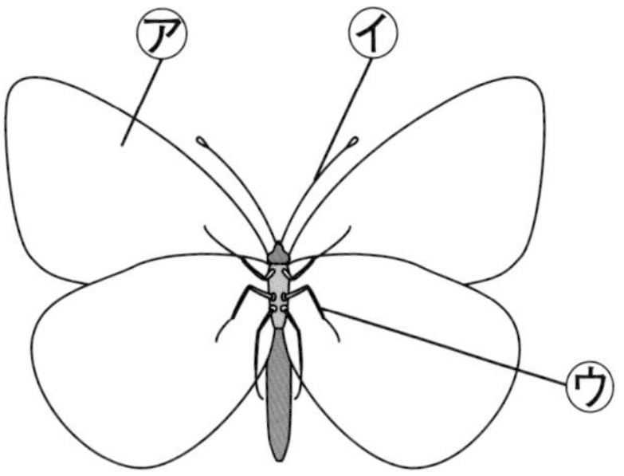

	名　前	ついている部分
㋐		
㋑		
㋒		

14 こん虫の育ち方①

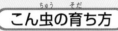

おぼえよう

こん虫の育ち方

・こん虫には，せい虫になるまでにさなぎになるものと，ならないものがいる。

・さなぎになってからせい虫になることを完全へんたい，さなぎにならないでせい虫になることを不完全へんたいという。

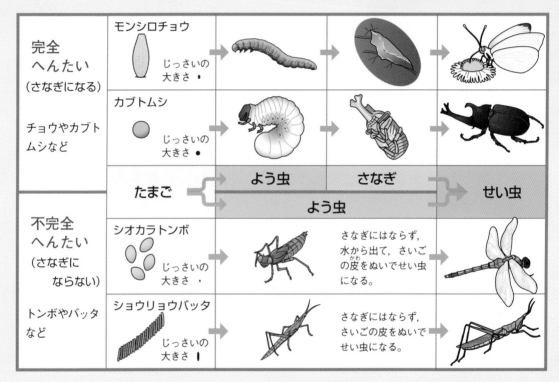

完全へんたい（さなぎになる）チョウやカブトムシなど	モンシロチョウ じっさいの大きさ・	→	→	→	
	カブトムシ じっさいの大きさ・	→	→	→	
	たまご	よう虫	さなぎ	せい虫	
		よう虫			
不完全へんたい（さなぎにならない）トンボやバッタなど	シオカラトンボ じっさいの大きさ・	→	さなぎにはならず，水から出て，さいごの皮をぬいでせい虫になる。		
	ショウリョウバッタ じっさいの大きさ・	→	さなぎにはならず，さいごの皮をぬいでせい虫になる。		

1 右の図は，モンシロチョウとショウリョウバッタの育つようすを表したものです。

□にあてはまることばを，▨からえらんで書きましょう。同じことばを，くり返し使ってもかまいません。 （1つ8点）

よう虫　たまご　さなぎ

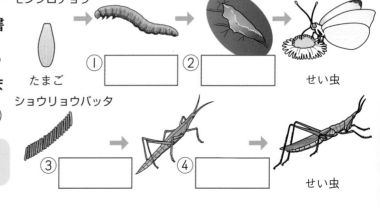

モンシロチョウ

→ → →

たまご ① [　　] ② [　　] せい虫

ショウリョウバッタ

→ →

③ [　　] ④ [　　] せい虫

2 　右の図は，カブトムシ
とシオカラトンボの育つ
ようすを表したものです。
□□□にあてはまること
ばを，□□□からえらん
で書きましょう。同じこ
とばを，くり返し使って
もかまいません。

（1つ8点）

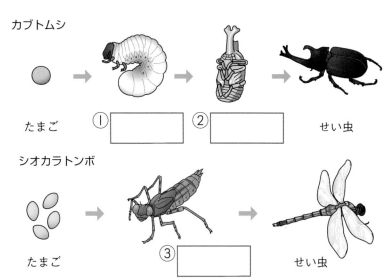

カブトムシ

たまご　　①□□□□□　②□□□□□　　せい虫

シオカラトンボ

たまご　　　　③□□□□□　　せい虫

よう虫　　せい虫　　さなぎ

3 　次の文は，こん虫の育ち方について書いたものです。（　）にあてはまることばを，
□□□からえらんで書きましょう。

（1つ8点）

　こん虫のうち，せい虫になるまでにさなぎになるものを
①（　　　　　　　　　），ならないものを②（　　　　　　　　　）と
いう。

完全へんたい　　不完全へんたい

4 　次のこん虫は，完全へんたいと不完全へんたいのどちらですか。それぞれ書きま
しょう。

（1つ7点）

①	②	③	④
			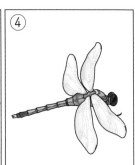
ショウリョウバッタ	モンシロチョウ	カブトムシ	シオカラトンボ
（　　　　　）	（　　　　　）	（　　　　　）	（　　　　　）

答え➡別冊解答5ペー

15 こん虫の育ち方②

とく点

/100点

1 右の図のこん虫の育ち方について，次の問題に答えましょう。　（1つ5点）

モンシロチョウ　　　カブトムシ

(1) モンシロチョウは，せい虫になるまでにさなぎになりますか，なりませんか。　（　　　　　　　　）

(2) カブトムシは，せい虫になるまでにさなぎになりますか，なりませんか。　（　　　　　　　　）

シオカラトンボ　　　ショウリョウバッタ

(3) シオカラトンボは，せい虫になるまでにさなぎになりますか，なりませんか。　（　　　　　　　　）

(4) ショウリョウバッタは，せい虫になるまでにさなぎになりますか，なりませんか。　（　　　　　　　　）

(5) せい虫になるまでにさなぎになる育ち方は，完全へんたいですか，不完全へんたいですか。　（　　　　　　　　）

(6) せい虫になるまでにさなぎにならない育ち方は，完全へんたいですか，不完全へんたいですか。　（　　　　　　　　）

2 次の文で，正しいものには○を，まちがっているものには×を書きましょう。

（1つ5点）

(1) （　　　　）モンシロチョウは，さなぎになってからせい虫になる。

(2) （　　　　）カブトムシは，よう虫にならずにせい虫になる。

(3) （　　　　）シオカラトンボのよう虫は，水の中でせい虫になる。

(4) （　　　　）ショウリョウバッタは，たまごからせい虫としてうまれてくる。

3

下のこん虫を，完全へんたいのものと，不完全へんたいのものにわけて名前を書きましょう。（全部できて１つ７点）

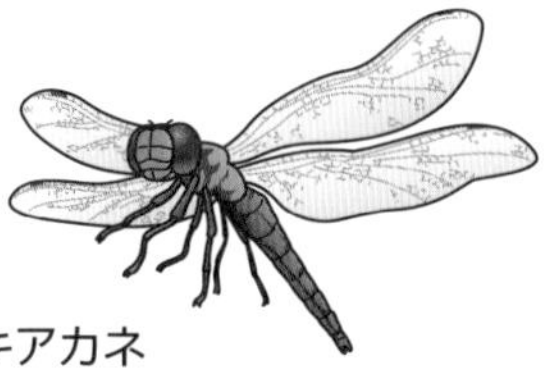
アキアカネ

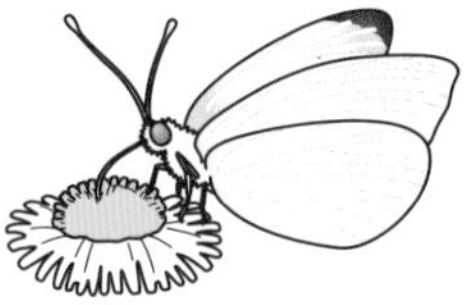
モンシロチョウ

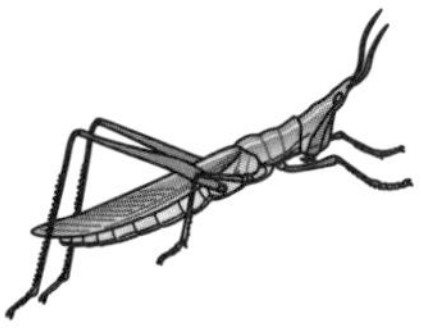
ショウリョウバッタ

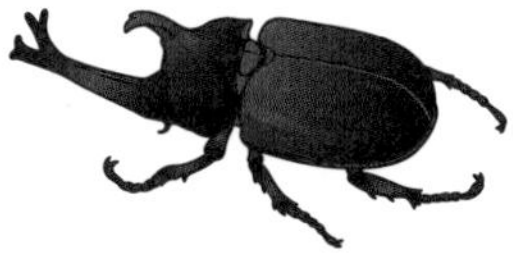
カブトムシ

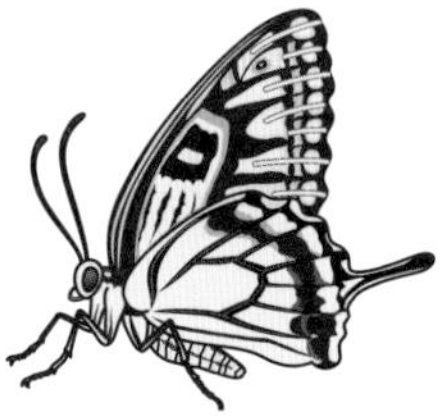
アゲハ

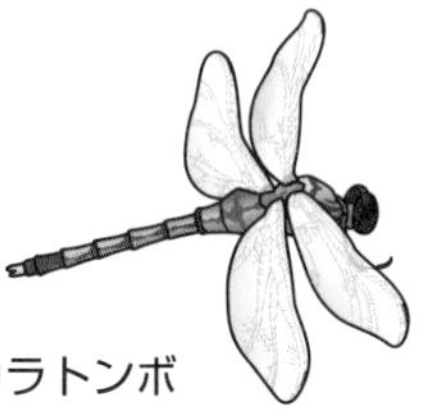
シオカラトンボ

(1) 完全へんたいのこん虫 （　　　　　　　　　　）

(2) 不完全へんたいのこん虫 （　　　　　　　　　　）

4

下の㋐～㋝の図は，モンシロチョウ，カブトムシ，シオカラトンボ，ショウリョウバッタの，たまごからせい虫に育つまでのすがたを表したものです。それぞれが育つじゅんに，下の表に，㋐～㋝の記号を書きましょう。ただし，そのすがたにあてはまるものがないときには×を書きましょう。（１つ３点）

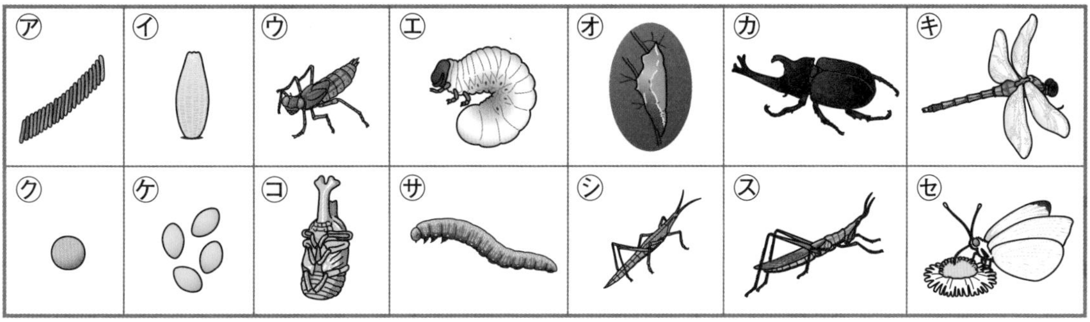

	たまご	よう虫	さなぎ	せい虫
モンシロチョウ	㋑	①	②	③
カブトムシ	㋗	④	⑤	⑥
シオカラトンボ	㋘	⑦	⑧	⑨
ショウリョウバッタ	㋐	⑩	⑪	⑫

16 動物の食べ物とすみか①

おぼえよう

動物のすみかと食べ物

動物には，決まったようすの場所だけをすみかにしているものや，決まったしゅるいの植物だけを食べ物にしているものがいる。こん虫などの動物は，食べ物やかくれるところがある場所に多くいる。

落ち葉の下のダンゴムシ

決まったようすの場所だけをすみかにする動物

[ダンゴムシ] ダンゴムシは，落ち葉の下など，日の当たらないしめった場所をすみかにする。

決まったしゅるいの植物だけを食べ物にする動物

[モンシロチョウのよう虫] キャベツやアブラナの葉
[アゲハのよう虫] サンショウやミカン，カラタチの葉

キャベツの葉を食べる
モンシロチョウのよう虫

[そのほかのこん虫の食べ物とすみか]

食べもの	すみか	こん虫
草	草むら	トノサマバッタ，ショウリョウバッタなど
花のみつ	花	ハナアブ，ベニシジミなど
木のしる	木	アブラゼミ，ノコギリクワガタなど
くさった落ち葉	土の中	カブトムシのよう虫など

サンショウの葉を食べる
アゲハのよう虫

1 次の文は，ダンゴムシのすみかについて書いたものです。（　）にあてはまることばを，　　　からえらんで書きましょう。

（1つ7点）

ダンゴムシは，①(　　　　　　　　) など，日の当たらない②(　　　　　　　) 場所をすみかにする。

落ち葉の下　　草の上　　かわいた　　しめった

2 次の文は，モンシロチョウのよう虫や，アゲハのよう虫の食べ物について書いたものです。（　）にあてはまることばを，　　　からえらんで書きましょう。

（1つ7点）

(1) モンシロチョウのよう虫は，アブラナの葉や（　　　　　　　　　　）を食べる。

(2) アゲハのよう虫は，ミカンの葉やカラタチの葉，（　　　　　　　　　　）を食べる。

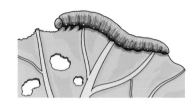

サンショウの葉　　　キャベツの葉

3 次の文は，こん虫のすみかについて書いたものです。（　）にあてはまることばを，　　　からえらんで書きましょう。同じことばを，くり返し使ってもかまいません。

（1つ8点）

　ハナアブ

　アブラゼミ

　トノサマバッタ

　ベニシジミ

　ノコギリクワガタ

　カブトムシのよう虫

(1) ハナアブは（　　　）に集まる。

(2) アブラゼミは（　　　）に集まる。

(3) トノサマバッタは（　　　）にすむ。

(4) ベニシジミは（　　　）に集まる。

(5) ノコギリクワガタは（　　　）にすむ。

(6) カブトムシのよう虫は（　　　　）にすむ。

(7) ショウリョウバッタは（　　　　）にすむ。

　ショウリョウバッタ

(8) こん虫などの動物は，①（　　　　　　　　　　）や②（　　　　　　　　　　）ところがある場所に集まる。

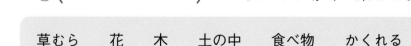

草むら　　花　　木　　土の中　　食べ物　　かくれる

17 動物の食べ物とすみか②

とく点

/100点

1 次の文は，動物のすみかについて書いたものです。正しいものには○を，まちがっているものには×を書きましょう。 （1つ5点）

(1) (　　　) ダンゴムシは，日の当たるかわいた場所と，日の当たらないしめった場所の両方を，すみかにしている。

(2) (　　　) ダンゴムシは，日の当たらないしめった場所だけをすみかにしている。

(3) (　　　) ショウリョウバッタは，かくれるところがある場所をすみかにしている。

(4) (　　　) ショウリョウバッタは，すみかとにた色をしている。

2 下のこん虫について，次の問題に答えましょう。 （1つ5点）

> アブラゼミ　　ハナアブ　　カブトムシのよう虫　　ベニシジミ
>
> ノコギリクワガタ　　　トノサマバッタ　　　ショウリョウバッタ

(1) 上のこん虫を，食べ物によってわけるとどうなりますか。あてはまるこん虫の名前を，（　）にすべて書きましょう。

① 草を食べるこん虫 　　　　　　　　（　　　　　　　　　　　　　）

② 花のみつをすうこん虫 　　　　　　（　　　　　　　　　　　　　）

③ 木のしるを食べ物にしているこん虫 （　　　　　　　　　　　　　）

④ くさった落ち葉を食べるこん虫 　　（　　　　　　　　　　　　　）

(2) 上のこん虫を，すみかにしている場所でわけるとどうなりますか。

① 草むらにすむこん虫 　　　　　　　（　　　　　　　　　　　　　）

② 花に集まるこん虫 　　　　　　　　（　　　　　　　　　　　　　）

③ 木に集まるこん虫 　　　　　　　　（　　　　　　　　　　　　　）

④ 土の中にすむこん虫 　　　　　　　（　　　　　　　　　　　　　）

3 こん虫の食べ物とすみかにしているところ（集まるところ）を，下のような表にまとめました。これについて，次の問題に答えましょう。（1つ5点）

こん虫	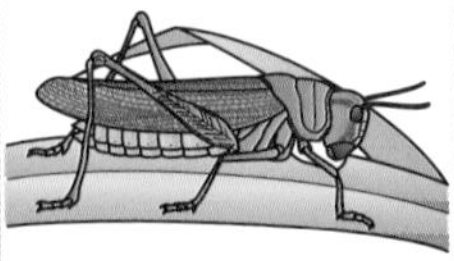 トノサマバッタ	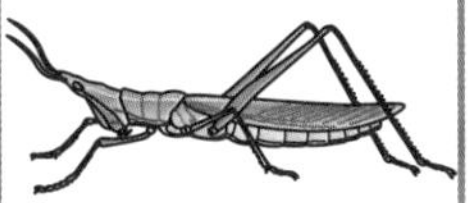 ショウリョウバッタ	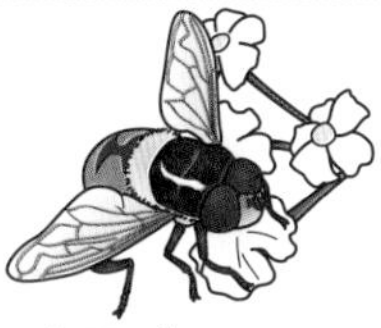 ハナアブ	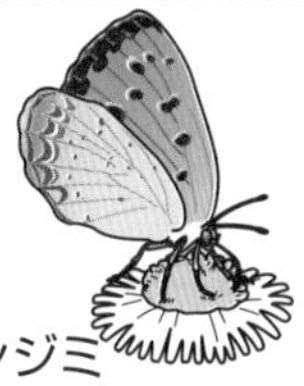 ベニシジミ
食べ物	草	草	花のみつ	②
すみか（集まるところ）	①	草むら	花	花

こん虫	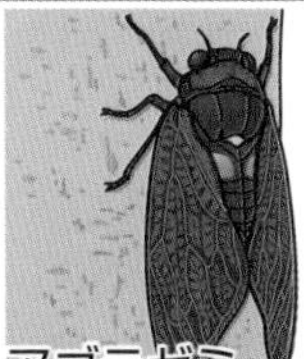 アブラゼミ	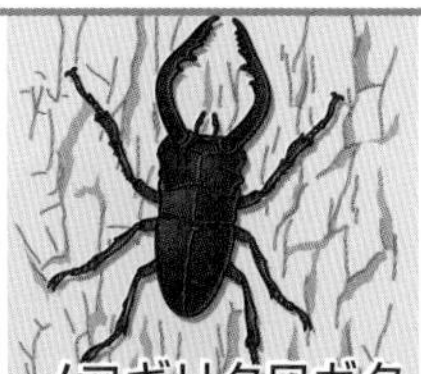 ノコギリクワガタ	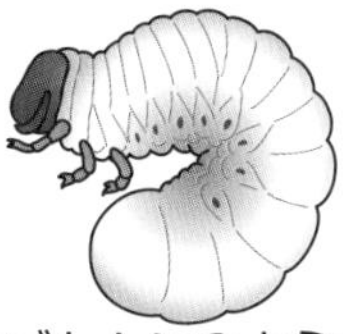 カブトムシのよう虫
食べ物	木のしる	木のしる	くさった落ち葉
すみか（集まるところ）	木	③	土の中

(1) 表の①～③にあてはまることばを書きましょう。

(2) 表のこん虫は，どのような場所をすみかにしたり集まったりしていると考えられますか。次の㋐～㋓からえらびましょう。（　　）

㋐ 食べ物が近くにあるところ。

㋑ 食べ物があまりないところ。

㋒ 遠くまで見ることができるところ。

㋓ 暗いところ。

(3) 次の①～④のこん虫は，それぞれどこをすみかにしたり，集まったりしていると考えられますか。

① ミツバチ（花のみつをすう）（　　）

② シロスジカミキリ（木を食べる）（　　）

③ カブトムシのせい虫（木のしるをなめる）（　　）

④ オオカマキリ（バッタなどを食べる）（　　）

答え➡別冊解答6ページ

18 たんげんのまとめ

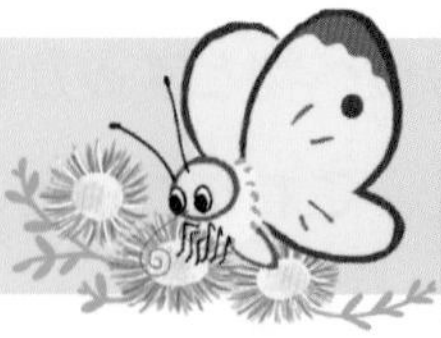

とく点

/100点

1 **右の図は，モンシロチョウの育つようすを表したものです。これについて，次の問題に答えましょう。** （1つ5点）

⑴　図の①～④を何といいますか。　　からえらんで（　）に書きましょう。

せい虫	よう虫
たまご	さなぎ

①

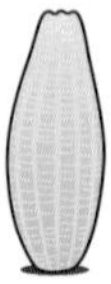

（　　　）

②

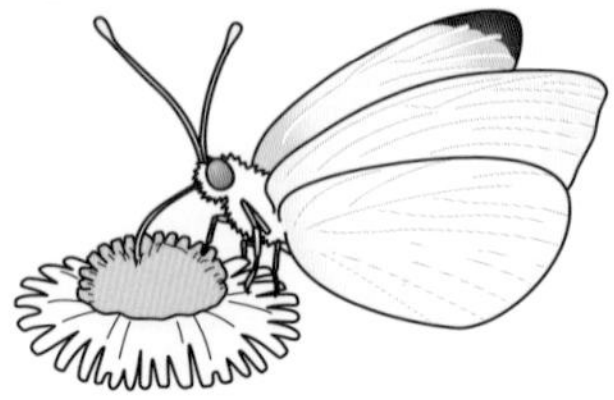

（　　　）

③

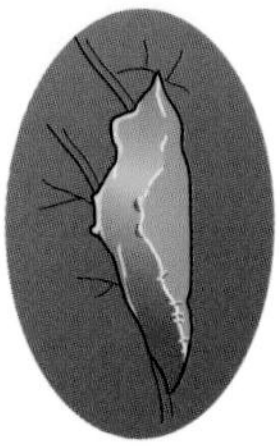

（　　　）

④

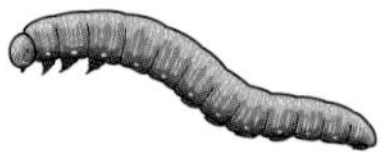

（　　　）

⑵　図の①～④を，①をはじまりにして，育つじゅんにならべましょう。

（①→　　→　　→　　）

⑶　モンシロチョウは，どこにたまごをうみますか。次の㋐～㋓からえらびましょう。（　　）

㋐　ミカンやサンショウなどの葉

㋑　キャベツの葉

㋒　ホウセンカの花

㋓　ヒマワリの花

⑷　モンシロチョウが，⑶にたまごをうむのはどうしてですか。次の㋐～㋓からえらびましょう。（　　）

㋐　モンシロチョウのせい虫のえさになるから。

㋑　モンシロチョウのよう虫のえさになるから。

㋒　モンシロチョウのさなぎのえさになるから。

㋓　モンシロチョウがかくれる場所になるから。

2 **右の図は，トンボのからだのつくりを表したものです。ただし，あしはかいてありません。これについて，次の問題に答えましょう。**（1つ5点）

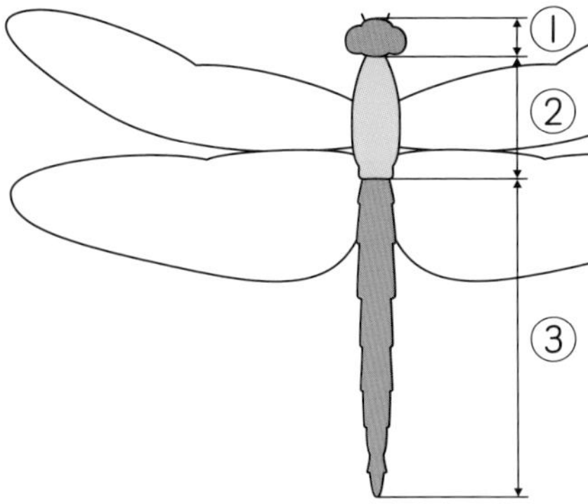

①
②
③

(1) 図の①～③の部分を何といいますか。それぞれ書きましょう。

①(　　　　　)　②(　　　　　)　③(　　　　　)

(2) トンボのあしは，どこに何本ついていますか。次の㋐～㋓からえらびましょう。(　　)

㋐ ①と②と③に，2本ずつついている。　㋑ ②に4本ついている。

㋒ ①と②に，2本ずつついている。　㋓ ②に6本ついている。

(3) トンボのからだは3つの部分からできていますが，チョウやバッタはどうなっていますか。次の㋐～㋓からえらびましょう。(　　)

㋐ チョウもバッタも，3つの部分からできている。

㋑ チョウは3つの部分からできているが，バッタは2つの部分からできている。

㋒ チョウは2つの部分からできているが，バッタは3つの部分からできている。

㋓ チョウとバッタは，2つの部分からできている。

3 **右の図は，こん虫の2通りの育ち方を表したものです。これについて，次の問題に答えましょう。**（1つ10点）

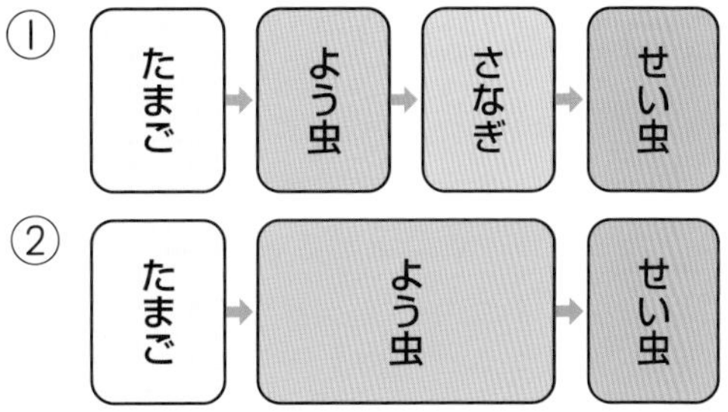

①
たまご
よう虫
さなぎ
せい虫
②
たまご
よう虫
せい虫

(1) ①，②のような育ち方を，それぞれ何といいますか。

①(　　　　　)

②(　　　　　)

(2) カブトムシとショウリョウバッタは，それぞれ，①と②のどちらの育ち方ですか。

カブトムシ(　　)

ショウリョウバッタ(　　)

ぼくたちは「こん虫」じゃないよ

　こん虫みたいに見えるけれども，じつはこん虫ではないなかまたちです。どんな生き物がいるか，見てみよう。

多足るい

　ムカデやヤスデなどのなかまを，多足るいといいます。からだがたくさんのふしにわかれていて，それぞれのふしに，あしがついています。

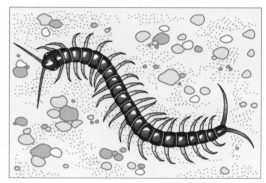

▲ムカデ

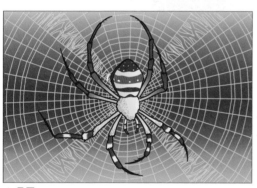

▲クモ

クモるい

　クモやダニなどのなかまを，クモるいといいます。からだは2つにわかれていて，あしが8本あります。

　サソリも，クモるいのなかまです。

こうかくるい

　エビやカニ，ミジンコなどは，こうかくるいというなかまです。からだはかたいからでおおわれています。ザリガニやダンゴムシも，こうかくるいのなかまです。

▲ザリガニ

このたんげんでは，モンシロチョウの育ち方やこん虫のからだのつくり，動物の食べ物とすみかなどについて学習しました。こん虫ではない生き物についても調べてみましょう。

▲マイマイ

ふく足るい

まき貝などのなかまを，ふく足るいといいます。はうのに，つごうよくできています。

マイマイ（カタツムリ）も，ふく足るいです。進むときに，のびたりちぢんだりするきん肉があしです。

▲アサリ

おの足るい

アサリやシジミなど，二まい貝のなかまを，おの足るいといいます。あしはないように見えますが，進むときにのびちぢみする，したのように見える部分があしです。

自由研究のヒント

ミミズやタコ，イカ，ヘビなどは，どんな動物のなかまかな。

図かんなどで，調べてみよう。

19 風のはたらき①

とく点

/100点

風の力

風の力で，ものを動かすことができる。

風の強さとものの動き

風でものを動かすとき，風の強さをかえると，ものの動き方もかわる。

風の力で走る車

送風き

風を受けるほ

車

AよりもBは風が強い。

当てる風が強いほうが，車は遠くまで動き，動くきょりが長く，はやさもはやい。

風車

AよりもBは風が強い。

当てる風が強いほうが，風車ははやく回る。

---

1 右の図のような車に，風を当てました。次の文の（　）にあてはまることばを，　　　からえらんで書きましょう。

（1つ10点）

送風き

風を受けるほ

車

AよりもBは風が強い

図のようにすると，①（　　　　）の力で車を動かすことができる。当てる風が②（　　　　）ほうが遠くまで動き，動くきょりが③（　　　　）。

| 車 | 風 | 強い | 弱い | 長い | 短い |

2 次の文は，風の力でものを動かすときの，ものの動き方を書いたものです。（　）にあてはまることばを，　　　　からえらんで書きましょう。　（1つ10点）

弱い風

風の力でものを動かすとき，風を強くすると，ものを動かすはたらきが①（　　　　）なり，②（　　　　）まで動くようになる。

小さく　　大きく　　遠く　　近く

3 次の文は，右の図のように，風車に風を当てて回すときのようすについて書いたものです。（　）にあてはまることばを，　　　　からえらんで書きましょう。　（1つ15点）

風車に当てる風の強さを強くすると，風車の回るはやさは①（　　　　）なる。

風車に当てる風の強さを弱くすると，風車の回るはやさは②（　　　　）なる。

はやく　　おそく

4 右の図のように，送風きと風車の間に板をたてると，風車は回らなくなりました。このことについて，次の文の（　）にあてはまることばを，　　　からえらんで書きましょう。　（20点）

板

板をたてると，風車に（　　　　）が当たらなくなるので，風車が回らなくなる。

光　　風

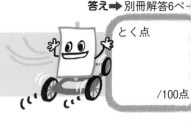

答え➡別冊解答6ペ-

20 風のはたらき②

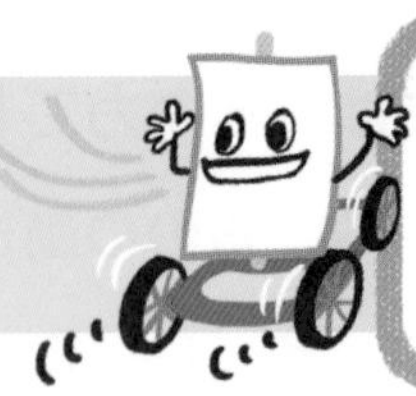

とく点

/100点

1 **右の図のように，風の力で走る車に，風を当てます。これについて，次の問題に答えましょう。**　（1つ5点）

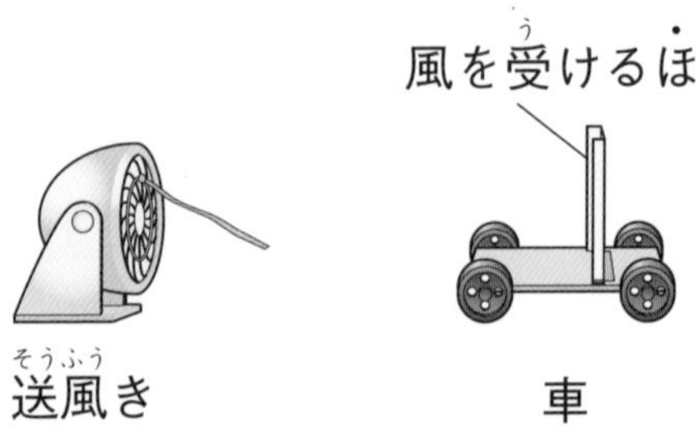
風を受けるほ
送風き
車

(1) 図の車を，より遠くまで走らせるためには，風を強くしますか，弱くしますか。

（　　　　　　　　　）

(2) 図の車に当てる風が強いほど，動くきょりは，長くなりますか，短くなりますか。

（　　　　　　　　　）

2 **右の図のように，いろいろな強さの風を風車に当て，風車の回り方をくらべました。これについて，次の問題に答えましょう。**　（1つ10点）

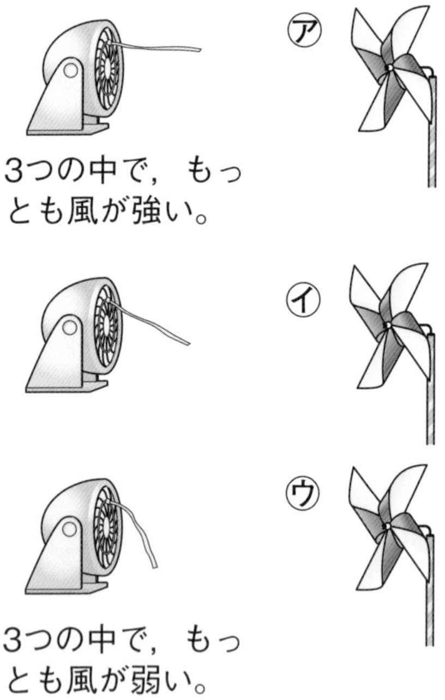
㋐
3つの中で，もっとも風が強い。
㋑
㋒
3つの中で，もっとも風が弱い。

(1) 回るはやさがもっともはやい風車はどれですか。図の㋐～㋒からえらびましょう。　（　　）

(2) 回るはやさがもっともおそい風車はどれですか。図の㋐～㋒からえらびましょう。　（　　）

(3) ㋑の風車の回るはやさをもっとおそくするためには，どうすればよいですか。次の文の(　)にあてはまることばを書きましょう。

［㋑の送風きの風の強さを，もっと（　　　　　　）する。］

3 下の図のように，風の力で動く車に風を当て，動くようすをくらべると，㋗の車がもっとも長いきょりを走り，㋕の車がもっとも短いきょりしか走りませんでした。これについて，次の問題に答えましょう。（１つ10点）

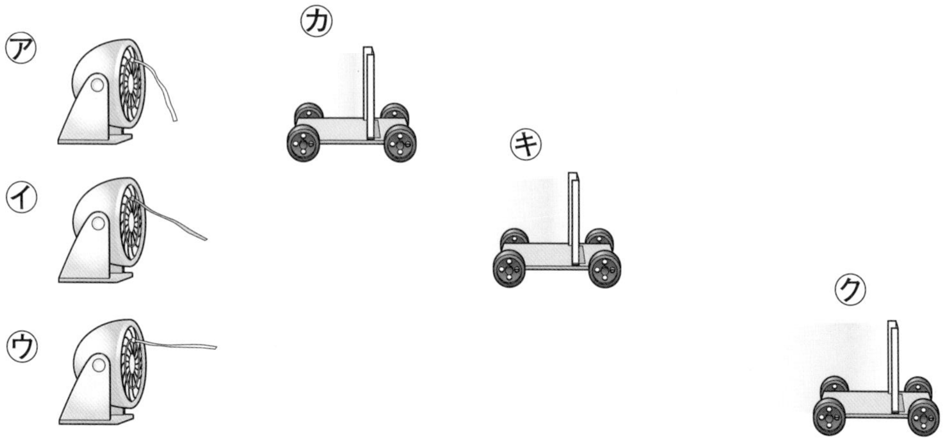

(1) ㋗の車がもっとも長いきょりを動き，㋕の車が短いきょりしか動かなかったことから，どのようなことがわかりますか。次の文の(　)にあてはまることばを，［　　］からえらんで書きましょう。

〔　風の強さは，㋐がもっとも①(　　　　　)。㋒がもっとも②(　　　　　)。〕

強い　　弱い

(2) もっともはやく走った車はどれですか。図の㋕～㋗からえらびましょう。

(　　　)

(3) ㋕の車を，もっと長いきょりを走らせるためにはどうすればよいですか。次の文の(　)にあてはまることばを書きましょう。

〔㋐の風の強さを，もっと(　　　　　)する。〕

(4) ㋕の車を，もっとはやく走らせるためにはどうすればよいですか。次の文の(　)にあてはまることばを書きましょう。

〔㋐の風の強さを，もっと(　　　　　)する。〕

(5) ㋕～㋗の車が走るようすのちがいからわかることとして正しいものを，次の㋚，㋛からえらびましょう。(　　　)

㋚　風の強さがかわると，風の力で動く車の走るようすもかわる。

㋛　風の強さがかわっても，風の力で動く車の走るようすはかわらない。

とく点

/100点

21 ゴムのはたらき①

おぼえよう

ゴムのせいしつ
ゴムは，のばしたりねじったりすると，もとにもどろうとする。

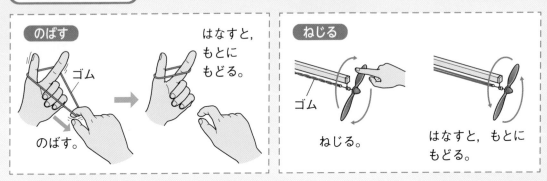

のばす
ゴム
のばす。
はなすと，もとにもどる。

ねじる
ゴム
ねじる。
はなすと，もとにもどる。

ゴムのはたらきと強さ
ゴムの力で，ものを動かすことができる。ゴムの本数をかえたり，のばし方やねじり方をかえると，ゴムがもとにもどろうとする力もかわる。

ゴムを長くのばす

ゴムを長くのばすと，手ごたえが強くなる。

ゴムの本数をふやす

ゴムの本数をふやすと，手ごたえが強くなる。

ゴムで走る車

手で車を引いて，ゴムをのばす。
手をはなすと車が走る。
車
ゴム
ゴムをかけるピン
車をどれだけ引いたかをはかるものさし。

ゴムをあまりのばさないとき。

ゴムを長くのばしたとき。

ゴムの力で走る車では，ゴムを長くのばすほど，ものを動かすはたらきが大きくなり，長いきょりを走るようになる。

1 次の文は，ゴムのせいしつについて書いたものです。（　）にあてはまることばを，　からえらんで書きましょう。
（20点）

ゴムは，のばしたりねじったりすると，
（　　　　　　　　　　　　　　　）。

もとにもどろうとする
のびたままでいる

2 次の図は，ゴムのせいしつを表したものです。図の（　）にあてはまることばを，
　　　からえらんで書きましょう。同じことばを，くり返し使ってもかまいません。

（1つ10点）

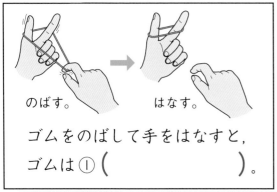

のばす。　　はなす。

ゴムをのばして手をはなすと，
ゴムは①（　　　　　　　）。

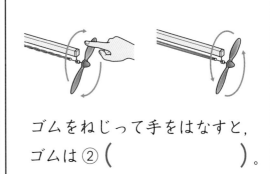

ゴムをねじって手をはなすと，
ゴムは②（　　　　　　　）。

> もとにもどる　　のびたまま　　ねじれたまま

3 ゴムのせいしつについて，次の問題に答えましょう。

（1つ20点）

(1)　（　）にあてはまることばを，　　　からえらんで書きましょう。同じこ
　とばを，くり返し使ってもかまいません。

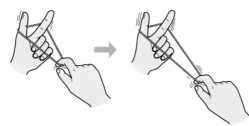

ゴムを長くのばすと，手ごた
えが①（　　　　　　）なる。

ゴムの本数をふやすと，手ごた
えが②（　　　　　　）なる。

> 強く　　弱く

(2)　次の文は，ゴムのせいしつについて書いたものです。（　）にあてはまる
　ことばを，　　　からえらんで書きましょう。

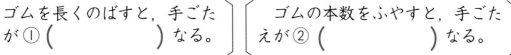

ゴムは，のばす力を強くしたり，ねじる回数を多くすると，
（　　　　　　　　　　）とするはたらきが強くなる。

> もとにもどろう　　のびよう

答え➡別冊解答7ペ－

22 ゴムのはたらき②

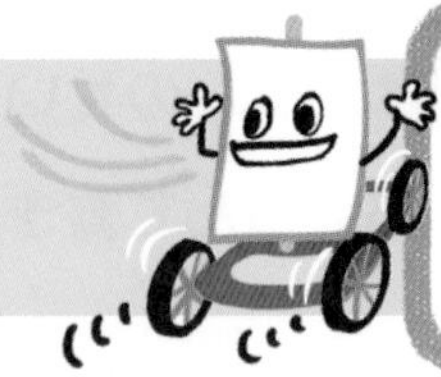

とく点

/100点

1

右の図のように，指にかけたゴムをのばすと，手ごたえがありました。これについて，次の問題に答えましょう。（1つ10点）

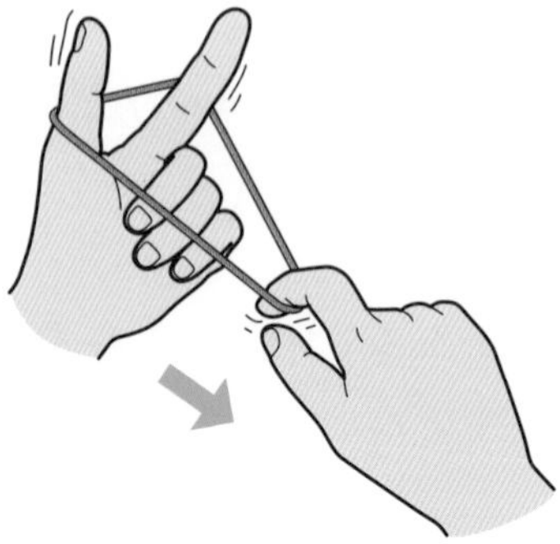

(1) ゴムをのばしたときに手ごたえがあったのはどうしてですか。次の㋐～㋒からえらびましょう。（　　）

㋐ ゴムは，のばすとのびたままになろうとするから。

㋑ ゴムは，のばすともとにもどろうとするから。

㋒ ゴムは，のばすことができないから。

(2) ゴムをのばす長さを長くすると，手ごたえは強くなりますか，弱くなりますか。（　　　　　）

2

右の図のような，ゴムのはたらきで走る車を作りました。これについて，次の問題に答えましょう。（1つ10点）

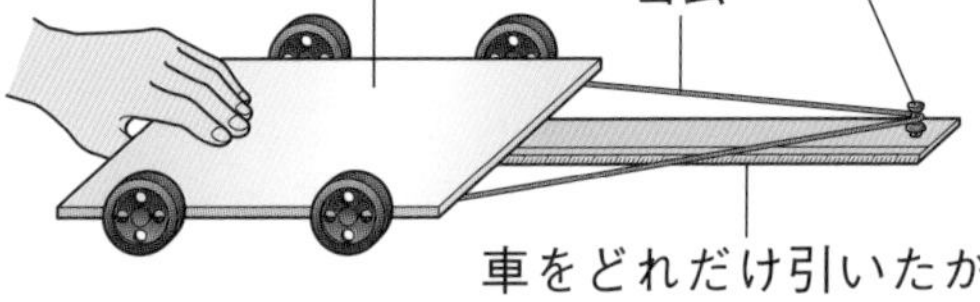

車
ゴムをかけるピン
ゴム
車をどれだけ引いたかをはかるものさし

(1) この車は，ゴムのどのようなせいしつを使って走りますか。次の文の（　）にあてはまることばを，書きましょう。

〔図の車は，ゴムをのばすと，ゴムが（　　　　　　　　）とするせいしつを使って走る。〕

(2) 図の車の動くきょりを長くするためには，どうしますか。次の文の（　）にあてはまることばを，書きましょう。

〔ゴムをのばす長さを（　　　　　　　　）。〕

3 下の図のように，ゴムで動く車をゴムをのばす長さをかえて走らせ，できるだけゴール近くに止めるようにするゲームをしました。㋐の車はゴールの手前に止まり，㋑の車はゴール近くに，㋒の車はゴールよりも遠くに止まりました。これについて，次の問題に答えましょう。（１つ10点）

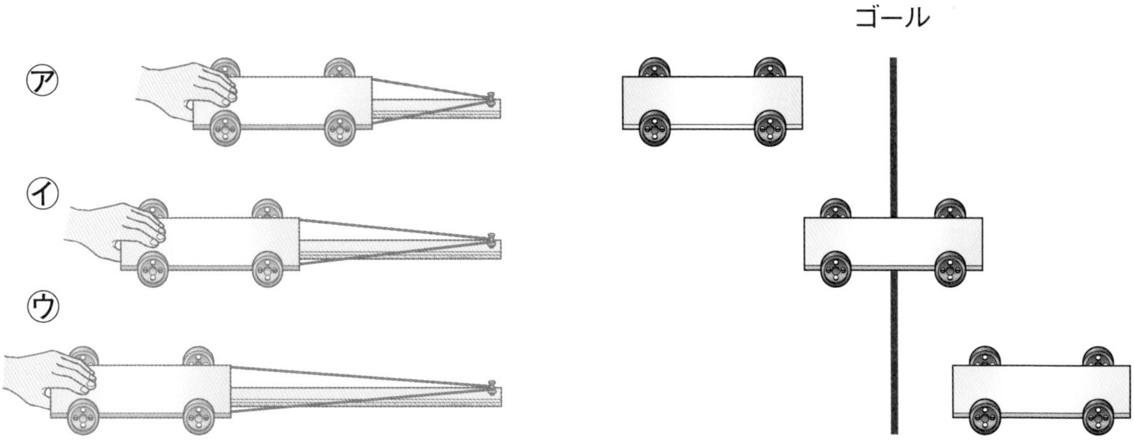

(1)　ゴムをのばした長さがいちばん短かったのは，どの車ですか。図の㋐～㋒からえらびましょう。（　　）

(2)　ゴムをのばした長さがいちばん長かったのは，どの車ですか。図の㋐～㋒からえらびましょう。（　　）

(3)　㋐の車と㋒の車を，もっとゴールの近くに止めるようにするためには，ゴムをのばす長さをどうすればよいですか。

㋐の車（　　　　　　　　）

㋒の車（　　　　　　　　）

4 右の図のように，指にかけるゴムの本数をかえてのばし，手ごたえのちがいを調べました。これについて，次の問題に答えましょう。（１つ10点）

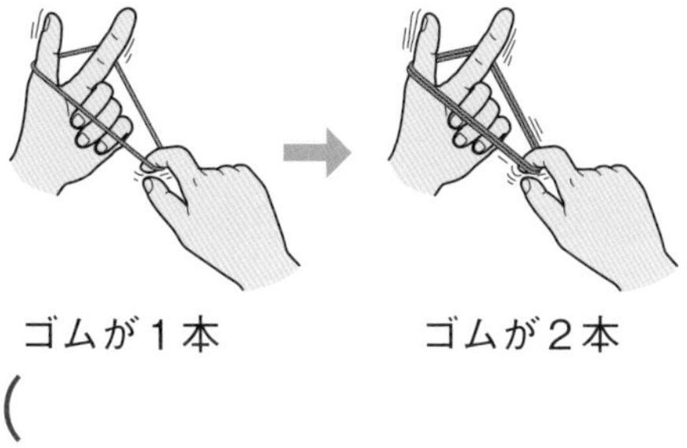

(1)　手ごたえが強いのはどちらですか。（　　　　　　　　）

(2)　ゴムを３本にすると手ごたえはどうなりますか。

（　　　　　　　　　　　　）

23

太陽の動きとかげ①

おぼえよう

かげのでき方

かげは，日光（太陽の光）をさえぎるものがあると，太陽の反対がわにできる。

太陽の1日の動きとかげの向き

太陽は，東からのぼって，南の空を通り，西の空へと動いていく。太陽が動くと，かげの向きもかわる。

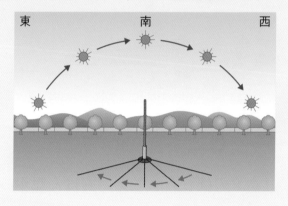

かげの向きがかわるのは，太陽のいちがかわるからである。

ほういじしんの使い方

ほういじしんのはりは，北と南を指して止まる。はりの色のついたほうが北を指す。

ケースを回して，色がついているはりの先と，「北」の文字を合わせる。

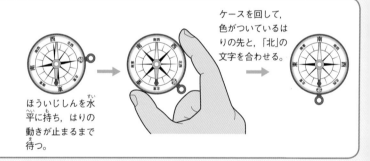

ほういじしんを水平に持ち，はりの動きが止まるまで待つ。

1 右の図は，太陽の1日の動きとかげのようすを表したものです。太陽やかげはそれぞれどのように動きますか。動く向きに，➞を□に書きましょう。　（1つ5点）

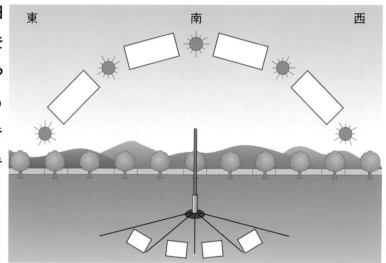

2 右の図は，かげのでき方を表したものです。これ
について，次の問題に答えましょう。　（1つ8点）

(1) 次の文の（　）にあてはまることばを，
からえらんで書きましょう。

> かげは，日光をさえぎるものがあると，
> （　　　　　　　　　　　）にできる。

太陽のがわ　　　太陽の反対がわ

(2) 太陽が動くと，かげの向きはかわりますか，かわりませんか。

（　　　　　　　　　　　）

3 次の文は，太陽の1日の動きに
ついて書いたものです。（　）にあ
てはまることばを，　からえ
らんで書きましょう。　（1つ8点）

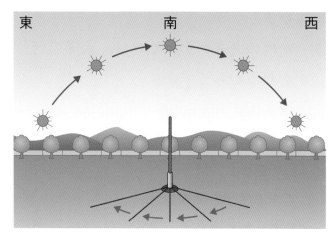

> 太陽は，①（　　）か
> らのぼって，②（　　）
> の空を通り，③（　　）
> の空へと動いていく。

東　　西　　南　　北

4 右の図は，ほういじしんを使っているようすです。ほう
いじしんについて，次の文の（　）にあてはまることばを，
　からえらんで書きましょう。
（1つ10点）

> ほういじしんのはりは，北と①（　　　　）
> を指して止まる。はりの色のついたほうが
> ②（　　　　）を指す。

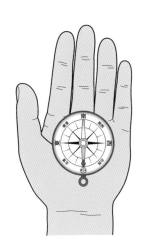

東　　西　　南　　北

答え➡別冊解答7ペー

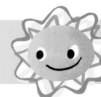

とく点

/100点

24 太陽の動きとかげ②

1 かげのでき方について，次の問題に答えましょう。

（1つ8点）

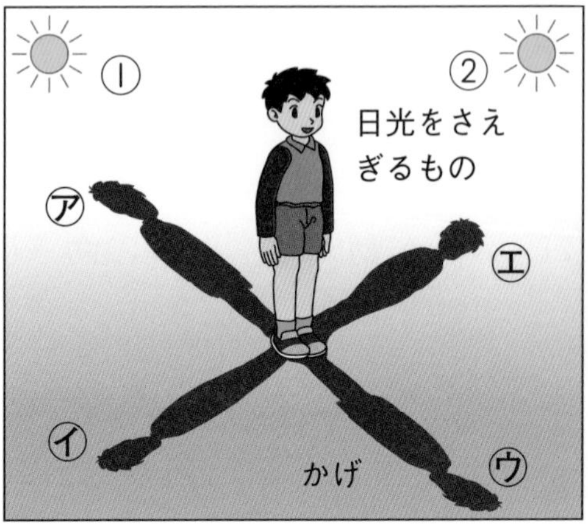

(1)　右の図で，太陽が①のところにあるときにできるかげはどれですか。図の㋐～㋓からえらびましょう。

（　　　）

(2)　太陽が②のところに動くと，かげはどこにできますか。図の㋐～㋓からえらびましょう。　（　　　）

(3)　かげの向きがかわるのは，太陽の何がかわるからですか。

（　　　　　）

2 右の図は，太陽の1日の動きと，ぼうにできるかげのようすを表したものです。これについて，次の問題に答えましょう。

（1つ6点）

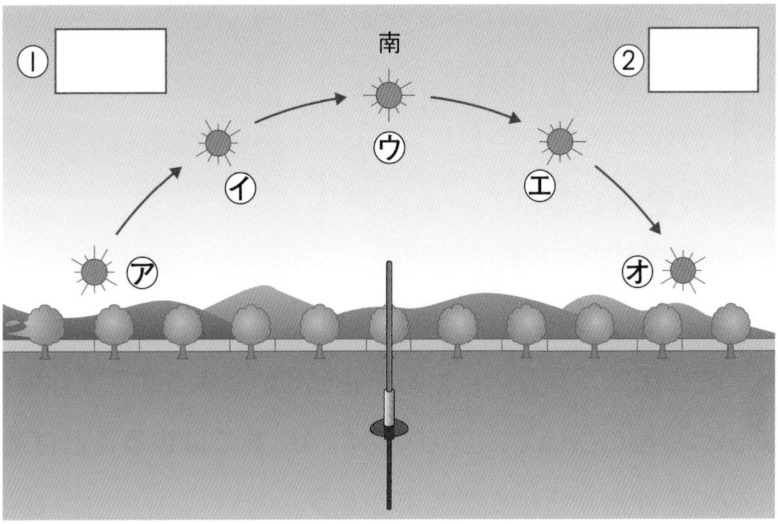

(1)　図の①，②は，それぞれ東と西のどちらですか。あてはまるものを，それぞれ□に書きましょう。

(2)　図のぼうにできているかげは，太陽がどこにあるときにできるかげですか。図の㋐～㋔からえらびましょう。　（　　　）

(3)　太陽が動いていくと，かげの向きはかわりますか，かわりませんか。

（　　　　　）

3 **1日の太陽とかげの動きを調べました。これについて，次の問題に答えましょう。**
（1つ8点）

(1) 太陽が，東・西・南・北のうち，どちらからのぼり，どちらの空を通り，どちらにしずむかを調べます。

① 東・西・南・北を調べるには，何という道具を使いますか。

（　　　　　　）

② 太陽は，どのように動いていきますか。

（　　　　　　）

(2) かげの動きを調べるためには，どのような場所にぼうを立てればよいですか。次の㋐，㋑からえらびましょう。（　　　）

㋐ かげはほとんど動かないので，せまい場所でよい。

㋑ 1日のうちでかげは大きく動くので，広い場所がよい。

4 **右の図のように，太陽が南の空にあるとき，校庭にぼうを立てると，かげができました。これについて，次の問題に答えましょう。**

（1つ7点）

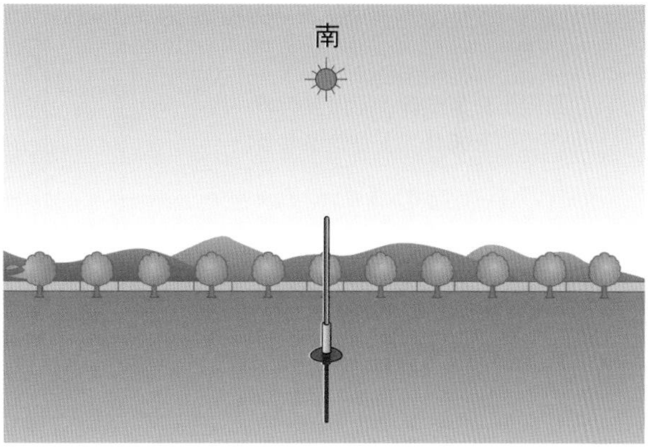

(1) かげはどうしてできましたか。次の㋐，㋑からえらびましょう。

（　　　）

㋐ ぼうが，日光を強くしたから。　㋑ ぼうが，日光をさえぎったから。

(2) 太陽が南の空にあるとき，かげは，ぼうのどちらがわにできますか。次の㋐～㋓からえらびましょう。（　　　）

㋐ 東がわ　㋑ 西がわ　㋒ 南がわ　㋓ 北がわ

(3) この後，太陽とぼうのかげは，それぞれどちらのほうへ動いていきますか。次の㋐～㋓からえらびましょう。

太陽（　　　）　ぼうのかげ（　　　）

㋐ 東のほう　㋑ 西のほう　㋒ 南のほう　㋓ 北のほう

25 温度計の使い方①

とく点

/100点

おぼえよう

温度計

温度計は，えきだめにふれているもののあたたかさ（温度）をはかることができる。

地面の温度のはかり方

日光（太陽の光）が温度計にちょくせつ当たらないようにおおいをする。

温度計

地面の土を少しほって温度計のえきだめを入れ，土をかぶせる。

・手のあたたかさがつたわってしまうので，えきだめをにぎってはいけない。

・温度計で土をほってはいけない。

えきだめ

目もりの読み方

・えきの先が目もりの線と線の間にあるときには，近いほうの目もりを読む。

・温度計と目を直角にして読む。

・えきだめに息がかからないように，20～30cmはなして読む。

・えきの先が27の目もりの線のところにあったら，「27度」と読み，「27℃」と書く。

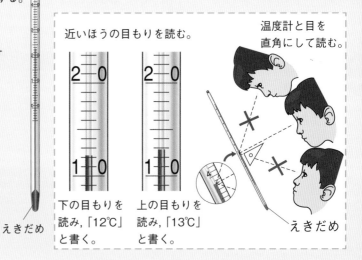

近いほうの目もりを読む。

温度計と目を直角にして読む。

下の目もりを読み，「12℃」と書く。

上の目もりを読み，「13℃」と書く。

えきだめ

---

1 右の図の温度計について，次の問題に答えましょう。

（1つ10点）

(1) 図の□□□にあてはまることばを，▢▢▢からえらんで書きましょう。

> えきだま　　えき　　えきだめ

(2) 温度計が図のようになっているとき，温度は何℃ですか。　　（　　　　　）

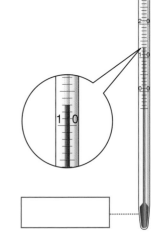

教科書との内容対照表

理科 小学**3**年生

この表の左には、教科書の目次をしめしています。
右には、それらの内容が「小学3年生 理科に〈ぐんと強くなる〉」のどのページに出ているかをしめしています。

大日本図書　新版 たのしい理科 3年

	この本のページ
1 しぜんのかんさつ	4〜7
2 植物の育ち方①たねまき	8〜11
3 こん虫の育ち方	24〜35
◎ 植物の育ち方② 実がふえたころ	12〜15
4 ゴムと風の力のはたらき	44〜51
5 音のふしぎ	76〜79
◎ 植物の育ち方③花	16〜19
6 動物のすみか	36〜39
◎ 植物の育ち方④ 花がさいた後	16〜19
7 地面のようすと太陽	52〜63
8 太陽の光	68〜75
9 電気の通り道	82〜89
10 じしゃくのふしぎ	106〜117
11 ものの重さ	94〜101

東京書籍　新編 新しい理科 3

	この本のページ
1 春の生き物	4〜7
2 たねまき	8〜11
3 チョウのかんさつ	24〜35
● どれぐらい育ったかな	12〜15
4 風やゴムのはたらき	44〜51
● 花がさいたよ	16〜19
● 実ができたよ	16〜19
5 こん虫のかんさつ	28〜39
6 太陽とかげ	52〜55
7 太陽の光	56〜63
8 音のせいしつ	76〜79
9 物の重さ	94〜101
10 電気の通り道	82〜89
11 じしゃくのせいしつ	106〜117

啓林館　わくわく理科 3

	この本のページ
1 生き物をさがそう	4〜7
2 たねをまこう	8〜11
3 チョウを育てよう	24〜35
○ 植物の育ちとつくり	12〜15
4 風とゴムの力のはたらき	44〜51
○ 花のかんさつ	16〜19
5 こん虫のかんさつ	28〜39
○ 植物の一生	16〜19
6 光とかげ	52〜63
7 光のせいしつ	68〜75
8 電気で明かりをつけよう	82〜89
9 じしゃくのふしぎ	106〜117
10 音のせいしつ	76〜79
11 ものと重さ	94〜101

教科書との内容対照表

この表の左には、教科書の目次をしめしています。

右には、それらの内容が「小学3年生 理科にぐーんと強くなる」のどのページに出ているかをしめしています。

教育出版 みらいをひらく 小学理科 3			この本の ページ
1	生き物を調べよう		4〜7
2	植物を育てよう		8〜15
3	チョウを育てよう		24〜35
4	風やゴムの力		44〜51
●	葉を出したあと		16〜19
5	こん虫の世界		28〜31
			36〜39
●	花をさかせたあと		16〜19
6	太陽と地面		52〜63
7	光		68〜75
8	音		76〜79
9	ものの重さ		94〜101
10	電気の通り道		82〜89
11	じしゃく		106〜117

学校図書 みんなと学ぶ小学校 理科3年		この本の ページ
1	しぜんのかんさつ	4〜7
2	植物を育てよう	8〜11
2-1	たねをまこう	
3	かげと太陽	52〜63
2-2	ぐんぐんのびろ	12〜15
4	チョウを育てよう	24〜35
2-3	花がさいた	16〜19
5	こん虫を調べよう	28〜31
		36〜39
2-4	実ができるころ	16〜19
6	音を調べよう	76〜79
7	光を調べよう	68〜75
8	風のはたらき	44〜47
9	ゴムのはたらき	48〜51
10	明かりをつけよう	82〜89
11	じしゃくのひみつ	106〜117
12	ものの重さを調べよう	94〜101

信州教育出版社 楽しい理科 3年		この本の ページ
1	太陽とかげを調べよう	52〜55
2	身近なしぜんのかんさつ	4〜7
		36〜39
3	植物の育ち方 (1) 植物を育てよう	8〜11
4	日なたと日かげをくらべよう	56〜63
5	こん虫の育ち方 (1) チョウを育てよう	24〜27
		32〜35
6	植物の育ち方 (2)	12〜15
7	こん虫の育ち方 (2) こん虫のからだを調べよう	28〜31
8	植物の育ち方 (3) 花がさいた後の植物を調べよう	16〜19
9	風やゴムの力のはたらき	44〜51
10	光のせいしつ	68〜75
11	豆電球に明かりをつけよう	82〜89
12	音のせいしつ	76〜79
13	じしゃくのせいしつ	106〜117
14	ものの重さをくらべよう	94〜101

2 下の図は，地面（じめん）の温度のはかり方を表（あらわ）したものです。それぞれ正しいものを，㋐，㋑からえらびましょう。　　　　（１つ20点）

(1) おおい
(　　　)

㋐
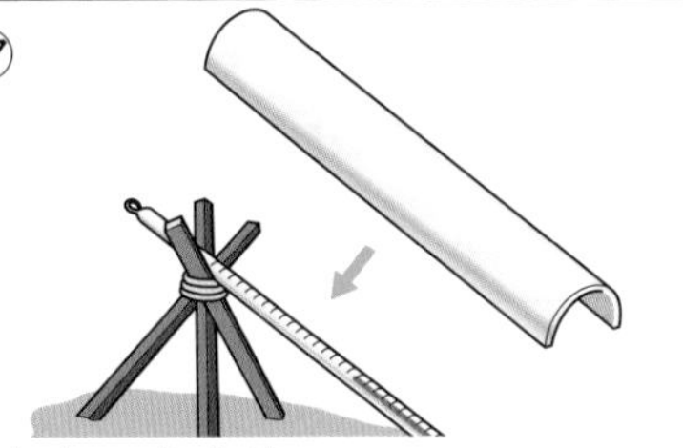
おおいをする。

㋑
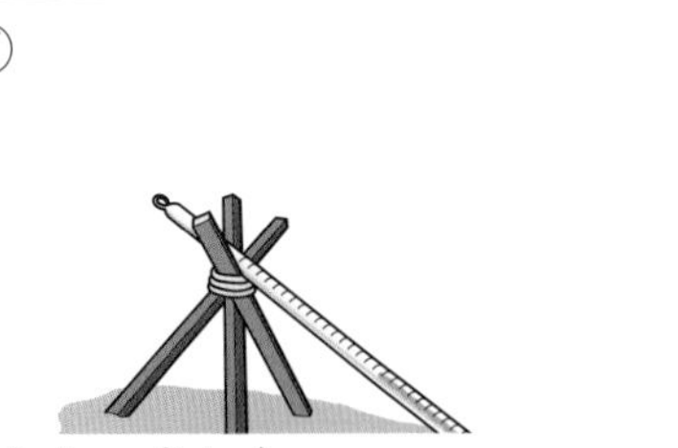
おおいをしない。

(2) えきだめ
(　　　)

㋐
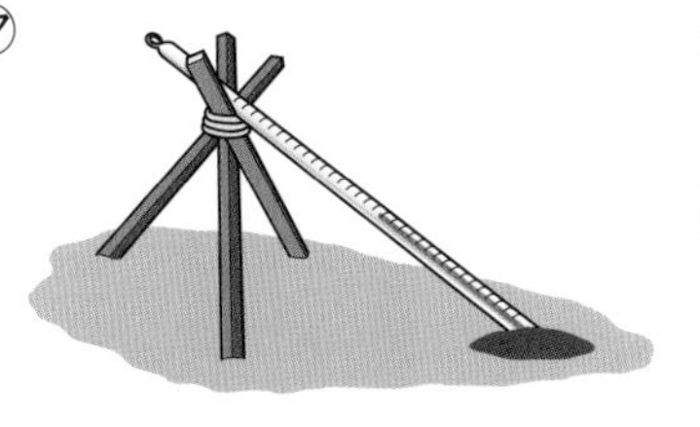
えきだめに土をかぶせる。

㋑
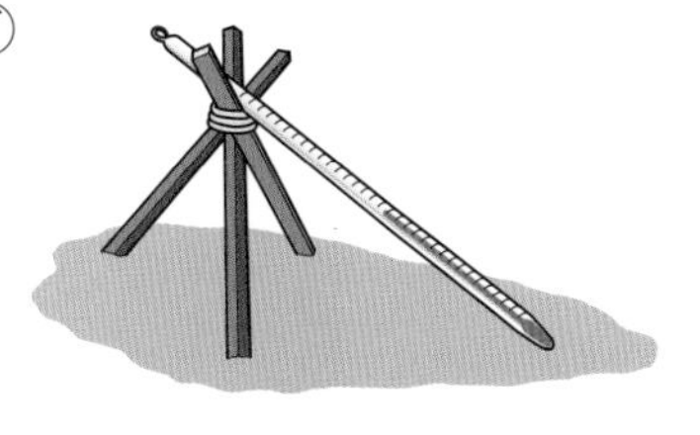
えきだめに土をかぶせない。

(3) 土のほり方
(　　　)

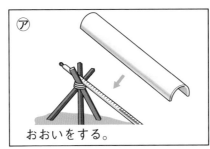

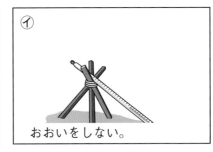

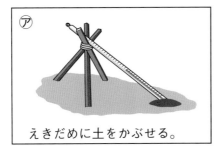

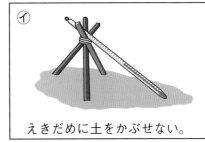

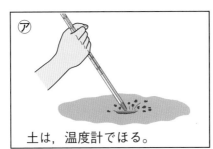

㋐
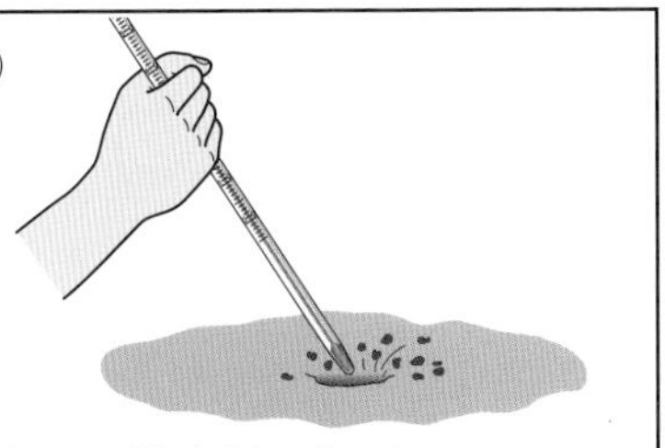
土は，温度計でほる。

㋑
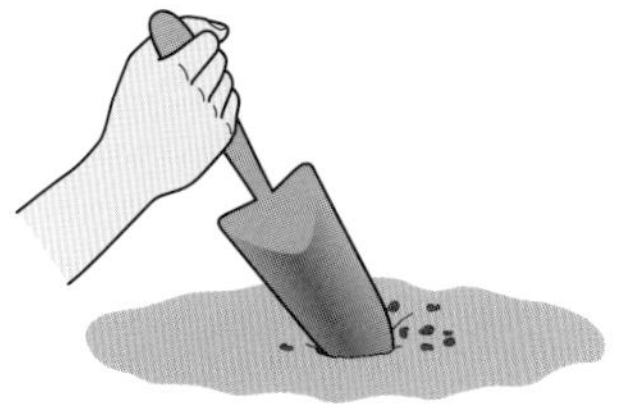
土を，温度計でほらない。

3 右の図は，温度計の目もりを読むときに，どこから見ればよいかを表したものです。正しいものに○をつけましょう。　　　　（20点）

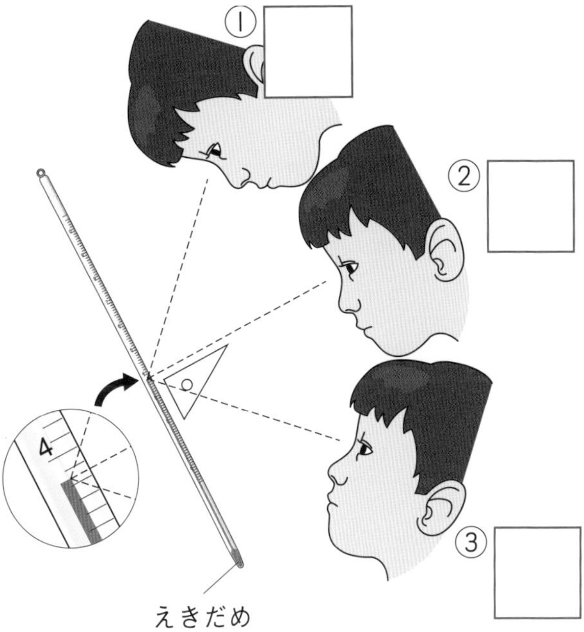

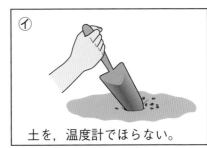

答え➡別冊解答8ペー

26 温度計の使い方②

とく点

/100点

1 下の図は，温度をはかったときの温度計の目もりを表したものです。図の①〜⑥の温度計の温度は，それぞれ何℃ですか。

（1つ10点）

①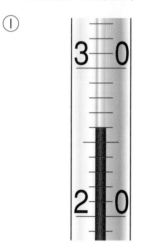

（　　　　　　）

②

（　　　　　　）

③

（　　　　　　）

④

（　　　　　　）

⑤

（　　　　　　）

⑥

（　　　　　　）

2 温度計の目もりの読み方について，次の問題に答えましょう。

（1つ10点）

(1) 温度計のえきの先が，目もりの線と線の間にあるときはどうしますか。次の㋐～㋓からえらびましょう。 （　　）

㋐ えきの先のすぐ下の目もりを読む。

㋑ えきの先のすぐ上の目もりを読む。

㋒ えきの先に近いほうの目もりを読む。

㋓ えきの先が目もりの線と線の間にあるときは，目もりは読めない。

(2) 温度計の目もりを読むときの注意として正しいものを，次の㋐～㋓からすべてえらびましょう。 （　　　　　）

㋐ 温度計と目が，直角になるようにする。

㋑ 温度計と目が，ななめになるようにする。

㋒ えきだめに息がかからないように，えきだめを手でにぎる。

㋓ えきだめに息がかからないように，温度計を20～30㎝はなす。

3 温度計を使って地面の温度をはかりました。次の問題に答えましょう。

（1つ10点）

(1) 温度計は，どのように地面にさしこめばよいですか。次の㋐～㋓からえらびましょう。 （　　）

㋐ 日光がよく当たるように，えきだめに土はかけない。

㋑ 土を少しほったところにえきだめを入れ，土をかぶせる。

㋒ 地面の表面近くは温度が高くなっているので，土をふかくほってえきだめを入れ，土をかぶせる。

㋓ 手で土をさわると地面の温度がかわってしまうので，温度計で地面をほってから，温度計をさしこむ。

(2) 温度計におおいをするのはどうしてですか。次の㋐，㋑からえらびましょう。 （　　）

㋐ 日光が当たると，温度計の目もりが読みにくいから。

㋑ 日光が当たると，正しい温度がはかれないから。

27 日なたと日かげ①

とく点

/100点

おぼえよう

日なたと日かげのちがい

日なたの地面は日光（太陽の光）であたためられるので，日かげの地面よりも温度が高くなる。

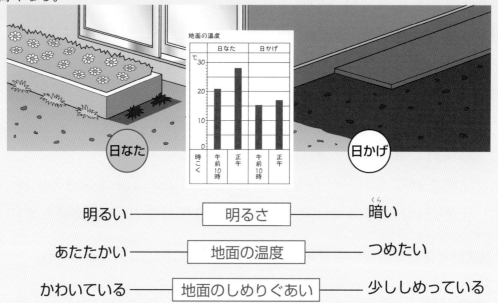

明るい ——————— 明るさ ——————— 暗い

あたたかい ——————— 地面の温度 ——————— つめたい

かわいている ——————— 地面のしめりぐあい ——————— 少ししめっている

1

下の図は，日なたと日かげのちがいをまとめたものです。日なたのようすについて，□□□□にあてはまることばを，□□□□からえらんで書きましょう。（1つ10点）

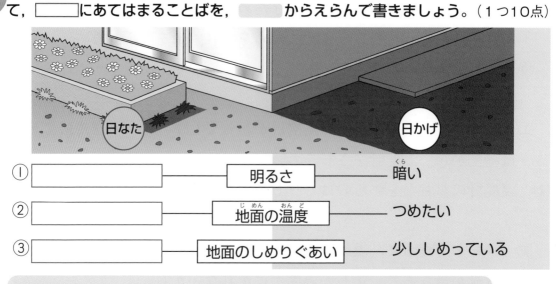

① □□□□□□□ ——————— 明るさ ——————— 暗い

② □□□□□□□ ——————— 地面の温度 ——————— つめたい

③ □□□□□□□ ——————— 地面のしめりぐあい ——————— 少ししめっている

　明るい　暗い　つめたい　あたたかい　かわいている　しめっている

2 次の文は，日なたと日かげのちがいを書いたものです。（　）にあてはまることばを，［　　］からえらんで書きましょう。（1つ15点）

日なたの地面は①（　　　　　）であたためられるので，日かげの地面よりも②（　　　　　）が高くなっている。

温度　　日光　　しめりぐあい　　高さ

3 日なたと日かげのようすのちがいを調べました。それぞれ，何について調べたものですか。［　　］にあてはまることばを，［　　］からえらんで書きましょう。（1つ10点）

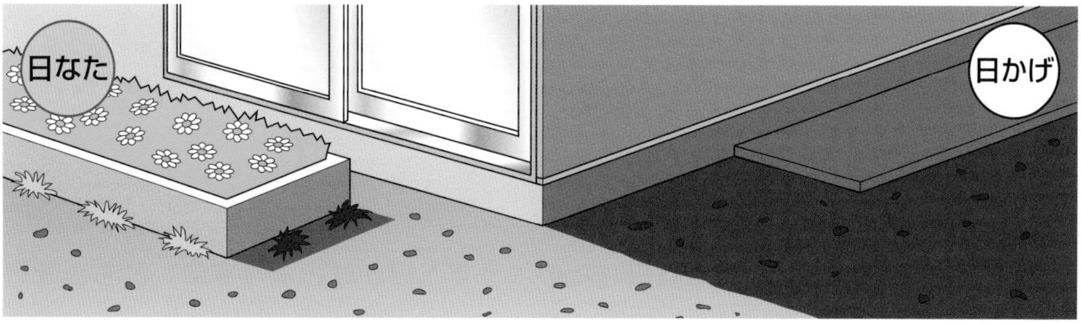

明るい ―①［　　　　　　］― 暗い

あたたかい ―②［　　　　　　］― つめたい

かわいている ―③［　　　　　　］― 少ししめっている

地面の温度　　地面のしめりぐあい　　地面の高さ　　明るさ

4 右のグラフは，日なたと日かげの地面の温度を調べたものです。日なたの地面の温度を表しているのは，㋐，㋑のどちらですか。（10点）

（　　　　）

地面の温度

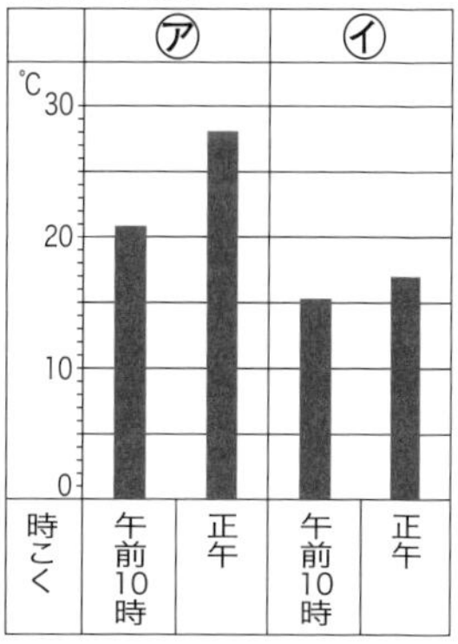

答え➡別冊解答8ペ…

とく点

/100点

28 日なたと日かげ②

1 日なたと日かげのちがいについて，次の問題に答えましょう。

（1つ5点）

(1) 日光（太陽の光）が当たっているのは，日なたと日かげのどちらですか。

（　　　　　）

(2) 明るさをくらべたとき，明るいのは日なたと日かげのどちらですか。

（　　　　　）

(3) 地面の温度をくらべたとき，あたたかいのは日なたと日かげのどちら
ですか。

（　　　　　）

(4) 地面のしめりぐあいをくらべたとき，しめっているのは日なたと日か
げのどちらですか。

（　　　　　）

2 次の①〜④の文は，それぞれ日なたのようすと日かげのようすの，どちらを書い
たものですか。日なたのようすを書いたものには「日なた」，日かげのようすを書い
たものには「日かげ」と書きましょう。

（1つ5点）

① 地面をさわるとつめたくて，少ししめっている。（　　　　　）

② 明るくて，地面にさわってみるとあたたかい。（　　　　　）

③ 日光が当たり，地面はかわいている。（　　　　　）

④ 日光が当たらず，暗い。（　　　　　）

3 次の文は，日なたと日かげの地面の，1日のうちの温度のかわり方について書い
たものです。日かげの地面の温度のかわり方について書いたのは，㋐，㋑のどちら
ですか。

（10点）

（　　　　　）

㋐ 午前10時に20℃だったのが，どんどん上がって正午には27℃になっ
た。

㋑ 午前10時に15℃だったが，正午でもあまり上がらず17℃だった。

4 **日なたと日かげの地面の温度のちがいを，もっとくわしく調べようと思います。これについて，次の問題に答えましょう。** （1つ5点）

(1) 温度のちがいをくわしく調べるためには，何を使えばよいですか。

　　の中からえらびましょう。 (　　　　　)

時計　ものさし　虫めがね　温度計

(2) (1)のものを使って温度のちがいを調べるには，どうすればよいですか。次の㋐～㋓からえらびましょう。 (　　)

㋐ しずかに地面においておく。

㋑ 土を少しほったところに先の部分を入れて土をかぶせ，そのままにしておく。

㋒ しずかに地面におき，おおいをする。

㋓ 土を少しほったところに先の部分を入れて土をかぶせ，おおいをする。

5 **日なたと日かげのちがいについて，次の問題に答えましょう。** （1つ10点）

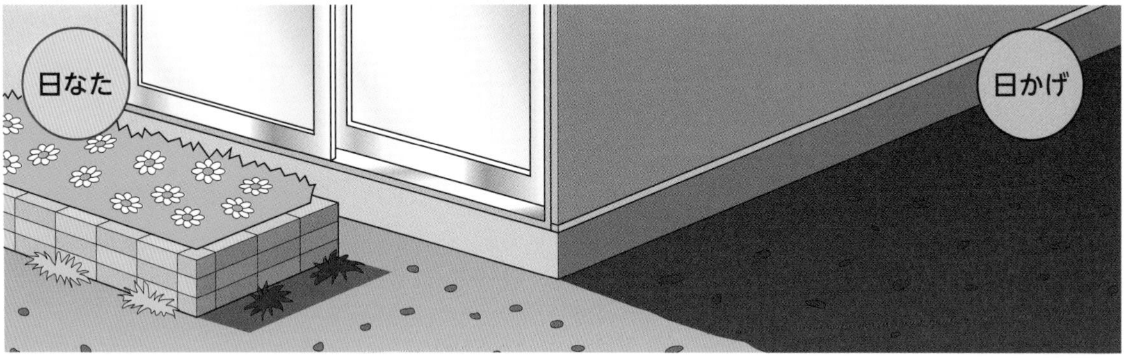

(1) 日なたは，日かげにくらべると，次の①～③のことはどうなっていますか。それぞれ書きましょう。

① 明るさ　(日かげよりも　　　　　)

② 地面の温度　(日かげよりも　　　　　)

③ 地面のしめりぐあい　(日かげよりも　　　　　)

(2) 日なたが日かげにくらべて，(1)のようになるのはどうしてですか。

(日なたの地面は，　　　　　)

答え➡別冊解答9ペー

とく点

/100点

29 たんげんのまとめ

1 右の図のように，校庭にまっすぐなぼうを立て，日光によってできるぼうのかげの1日のようすを調べました。これについて，次の問題に答えましょう。　（1つ7点）

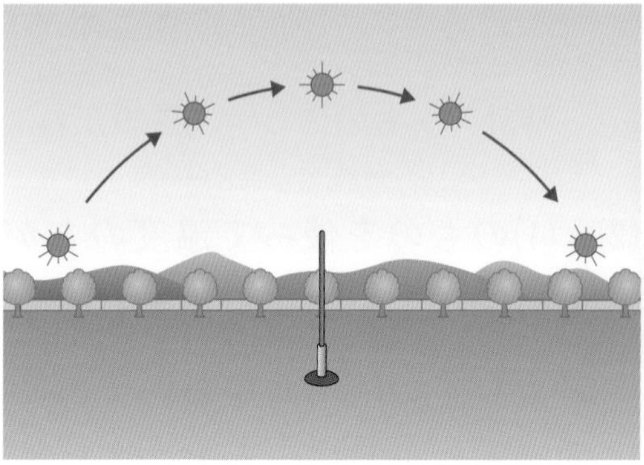

(1) ぼうのように日光をさえぎるものがあるとき，かげは，太陽のがわと，太陽の反対がわの，どちらにできますか。

（　　　　　）

(2) 日光によってできるぼうのかげは，どのように動きますか。次の㋐～㋓からえらびましょう。　（　　）

㋐ ぼうの東がわ→南がわ→西がわ

㋑ ぼうの西がわ→南がわ→東がわ

㋒ ぼうの東がわ→北がわ→西がわ

㋓ ぼうの西がわ→北がわ→東がわ

(3) 日光によってできるぼうのかげが動くのはどうしてですか。そのわけを書きましょう。　（　　　　　）

(4) 太陽の１日の動きは，どうなりますか。次の㋐～㋓からえらびましょう。

（　　）

㋐ 東→南→西　　㋑ 西→南→東

㋒ 東→北→西　　㋓ 西→北→東

(5) このかんさつで，ほういを知るために，右の図のような道具を使いました。

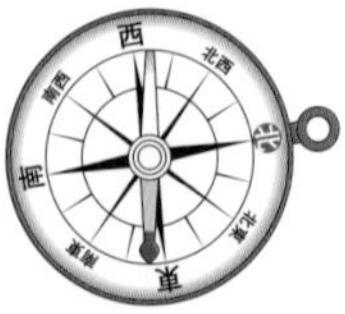

① この道具は何ですか。　（　　　　　）

② この道具のはりの色のついたほうは，東・西・南・北のうち，どこをさしますか。　（　　）

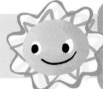

2 **日なたと日かげのようすのちがいを調べました。これについて，次の問題に答えましょう。** （1つ8点）

(1)　地面（じめん）のしめりぐあいをくらべたとき，かわいているのは，日なたと日かげのどちらですか。　（　　　　　）

(2)　地面の明るさをくらべたとき，暗（くら）いのは，日なたと日かげのどちらですか。　（　　　　　）

(3)　右の図は，日なたと日かげの地面の温度（おんど）をはかったときの，温度計の目もりです。

㋐　㋑

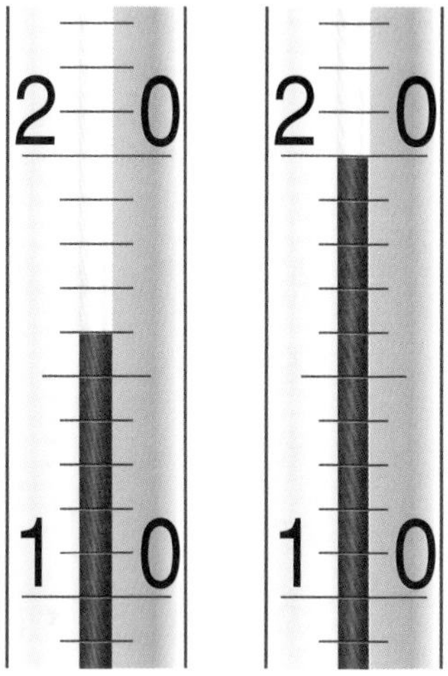

①　図の㋐，㋑の温度計の温度は，それぞれ何℃ですか。

㋐（　　　℃）

㋑（　　　℃）

②　図の㋐，㋑の温度計のうち，日なたの地面の温度をはかったのはどちらですか。　（　　　）

3 **温度計で，日なたの地面の温度をはかりました。これについて，次の問題に答えましょう。** （1つ9点）

㋐

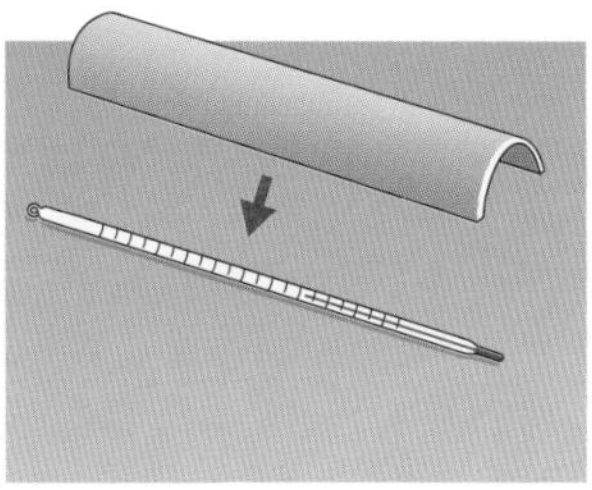

温度計を地面にそのままおき，おおいをする。

㋑

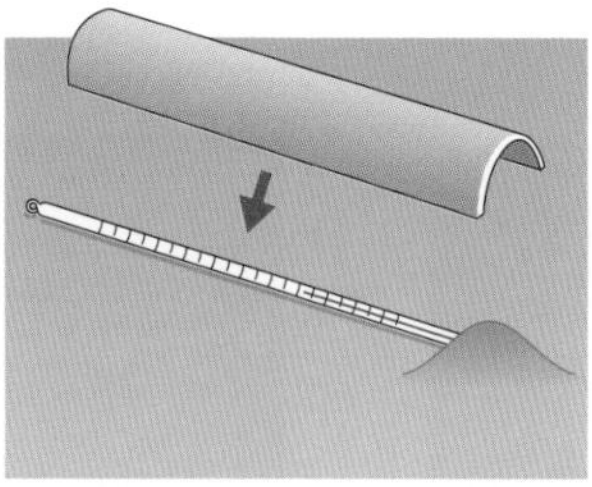

温度計を地面にそのままおき，えきだめに土をかぶせ，おおいをする。

㋒

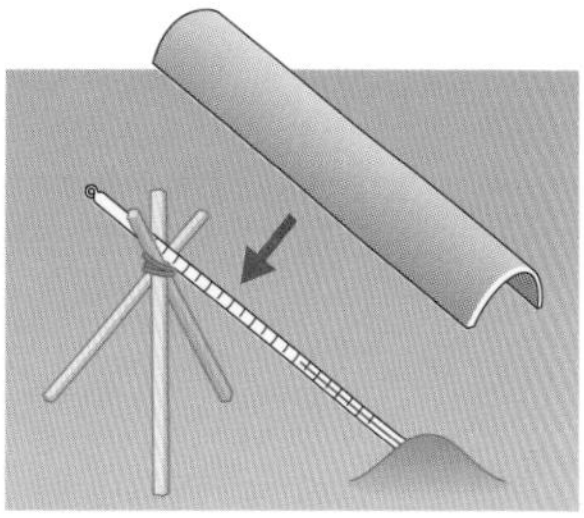

温度計を台に立てかけて，えきだめに土をかぶせ，温度計におおいをする。

(1)　地面の温度の正しいはかり方をしているものはどれですか。㋐～㋒からえらびましょう。　（　　　）

(2)　地面の温度をはかるとき，温度計におおいをするのはどうしてですか。

（　　　　　　　　　　　　　　　　　　　　　　　　）

太陽の表面は6000℃

太陽は，水素ガスのかたまりからできています。

　太陽は，大きさが地球の109倍もある大きな星で，中心部は水素というガスがヘリウムというべつのガスにかわるという反のうによって，およそ1600万℃の高温になっています。

　太陽をとくべつなぼうえんきょうで見ると，下の図のように，表面に黒い点（黒点）が見られます。黒点のようすをつづけてかんさつすると，しだいにいちをかえていることがわかります。これは，太陽が地球と同じように回転しているからです。

　太陽の表面の温度は，およそ6000℃で，これをおおう大気がふき上げるプロミネンスというほのおは，10000℃もあります。さらに，その外をとりまくガスはコロナといい，100万℃もあります。

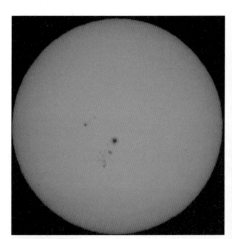
▲太陽の黒点

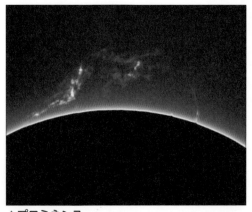
▲プロミネンス
太陽の表面からふき上げられる大きなほのお。

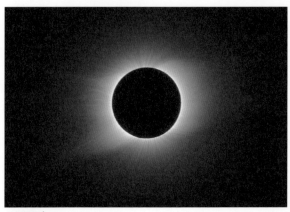
▲コロナ
太陽をとりまく高温のガスで，太陽が月にかくれる日食のときに見える。

　このたんげんでは，太陽の動きとかげ，温度計の使い方，日なたと日かげのちがいについて学習しました。ここでは，太陽について調べてみましょう。

かさを使って太陽の光を集めると？

　太陽から出されたエネルギーは光とねつになって地球にとどきます。日なたはあたたかく，日かげはすずしいのは，太陽の光の中にねつを出す赤外線がふくまれているからです。虫めがねで太陽の光を一点に集めると紙がこげるのもそのためです。

　右の図のように，ビニルがさの内がわ全体にアルミテープをはり，黒くぬった空きかんをとりつけて中に水を入れます。かさのえを太陽に向け1時間ほどそのままにしておくと，80℃近いお湯ができるので，その中にたまごを入れれば，ゆでたまごができます。

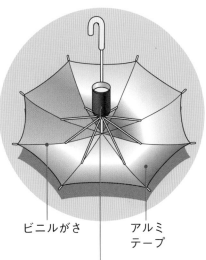

ビニルがさ　　　アルミ
　　　　　　　テープ

黒くぬった空きかん

　また，たくさんのかがみで太陽の光を一点に集めて，そのねつをりようして電気をつくる発電所もつくられています。

　地球上のすべての生き物も，太陽のエネルギーをもとにして生活しているのです。

自由研究のヒント

　さいきんになって，地球の気温が上がってきていることがわかりました。どんなことがげんいんで気温が上がってきたのか，どんなえいきょうがあるのかを調べてみよう。

南の島は
海にしずむ？

30 かがみで日光をはね返す①

とく点

/100点

おぼえよう

はね返した日光の進み方

・かがみを使うと，日光をはね返すことができる。

・かがみではね返した日光はまっすぐに進む。

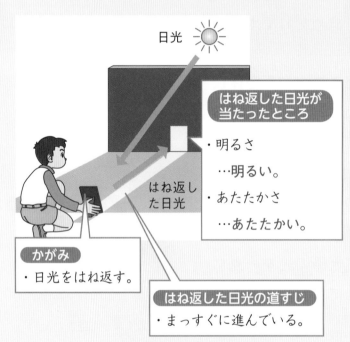

日光

はね返した日光が当たったところ

・明るさ
　…明るい。
・あたたかさ
　…あたたかい。

はね返した日光

かがみ
・日光をはね返す。

はね返した日光の道すじ
・まっすぐに進んでいる。

光のリレー

・かがみを何まいか使うと，光をつないでいくことができる。

日光

かがみ

日光の進む道すじのとちゅうにものをおく

日光

日光はまっすぐに進むので，かげもまっすぐになる。

---

1 右の図は，かがみで日光をはね返すようすを表したものです。◯◯◯にあてはまることばを，▨▨▨からえらんで書きましょう。ただし④には，はね返した日光の進む向きを，→で書きましょう。 （1つ10点）

明るい　暗い　あたたかい
まっすぐに　曲がって　つめたい

日光

はね返した日光が当たったところ

・明るさ
　① ◯◯◯◯◯

・あたたかさ
　② ◯◯◯◯◯

④

はね返した日光の道すじ
③ ◯◯◯◯◯ 進んでいる。

2 右の図は，日光の進む道すじのとちゅうに，ものをおいたようすを表したものです。□にあてはまることばを， からえらんで書きましょう。同じことばを，くり返し使ってもかまいません。 （1つ10点）

まっすぐに　　曲がって

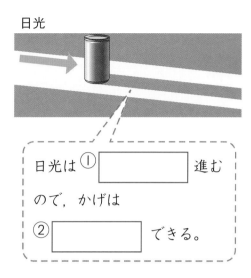

日光

日光は① □□□□□□ 進む

ので，かげは

② □□□□□□ できる。

3 次の文は，はね返した日光が当たったところの明るさやあたたかさについて書いたものです。（　）にあてはまることばを， からえらんで書きましょう。

（1つ10点）

　はね返した日光が当たったところでは，明るさは①（　　　　）なり，あたたかさは②（　　　　）なる。

明るく　　暗く　　つめたく　　あたたかく

4 はね返した日光の進み方について，次の文の（　）にあてはまることばを， からえらんで書きましょう。 （1つ10点）

(1)　かがみではね返した日光は，

（　　　　　）進む。

(2)　かがみを何まいか使うと，光を

（　　　　　　）ことができる。

日光

かがみ

曲がって　　まっすぐに　　つないでいく　　ばらばらにしていく

答え➡別冊解答9ペー

31 かがみで日光をはね返す②

とく点　　/100点

1 かがみに当たった日光について，次の問題に答えましょう。

（1つ10点）

(1)　かがみに日光を当てるとどうなりますか。次の㋐～㋓からえらびましょう。　（　　）

㋐　かがみに当たった日光ははね返り，曲がりながら進む。

㋑　かがみに当たった日光ははね返り，まっすぐに進む。

㋒　かがみに当たった日光は，あちらこちらにはね返る。

㋓　かがみに当たった日光は，はね返るときと，はね返らないときがある。

(2)　かがみに当たった日光をべつのかがみに当てると，光はもういちどはね返りますか，はね返りませんか。

（　　　　　　　　）

2 右の図のように，かがみではね返した日光をつなぎ，かべに当てました。次の問題に答えましょう。

（1つ10点）

(1)　はじめに日光をはね返したかがみはどれですか。図の①～③からえらびましょう。　（　　）

(2)　かべの，光が当たったところはどうなりますか。次の㋐～㋓からえらびましょう。　（　　）

㋐　まわりより明るく，あたたかくなっている。

㋑　まわりより明るく，つめたくなっている。

㋒　まわりより暗く，あたたかくなっている。

㋓　まわりより暗く，つめたくなっている。

3 **かがみに日光が当たったときのようすについて，次の問題に答えましょう。**　（１つ10点）

(1)　かがみに当たった日光は，どうなりますか。

（　　　　　　　）

(2)　はね返した日光が当たったところの明るさはどうなりますか。　（　　　　　　　）

(3)　はね返した日光が当たったところのあたたかさは，どうなりますか。

（　　　　　　　）

(4)　はね返した日光の進む道すじのとちゅうにものをおくと，まっすぐなかげができました。このことから，光にはどのようなせいしつがあることがわかりますか。（　　　　　　　）

4 **右の図のように，かがみではね返した日光をつないでいきました。これについて，次の問題に答えましょう。**　（１つ10点）

(1)　図の[あ]の部分(ぶぶん)は，まわりよりも明るく，あたたかくなっていました。そのわけを書きましょう。

（　　　　　　　）

(2)　[あ]の部分に，もう１まいかがみをおくとどうなりますか。次の㋐，㋑からえらびましょう。

（　　）

㋐　光がもういちどはね返る。

㋑　光はもうはね返らない。

答え➡別冊解答10ペー

32 日光を集める①

とく点

/100点

おぼえよう

かがみで日光を集める

何まいかのかがみで日光を1つのところに集めると，1まいのときよりも，明るく，あたたかくなる。

2まいのかがみで集めた日光

3まいのかがみで集めた日光

1まいのかがみで当てた日光

日光を集めるかがみの数をふやすと…

明るさ…いっそう明るくなる。
あたたかさ…いっそうあたたかくなる。

虫めがねで日光を集める

虫めがねを使うと，日光を集めることができる。

光の集まり方

虫めがねを動かしていくと，日光が小さな場所に集まっていく。

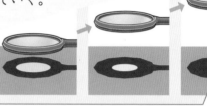

虫めがねで日光を集めると…

明るさ…いっそう明るくなる。
温度…いっそう高く（あつく）なる。

虫めがねを使うときの注意

・虫めがねで，太陽をぜったいに見てはいけない。
・やけどをしたり，こげたりするので，虫めがねで集めた日光を，ぜったいに人のからだや服などに当ててはいけない。
・日光を集めたところは，とてもあつく，まぶしくなるので，長い時間見てはいけない。

---

1 右の図は，日光を1まいのかがみで当てたときと，2まいのかがみで集めたときのようすを表したものです。次の文の（　）にあてはまることばを，▢▢▢▢からえらんで書きましょう。

（1つ10点）

何まいかのかがみで日光を1つのところに集めると，1まいのときよりも，
明るさは①（　　　　　　）なり，あたたかさは②（　　　　　　）なる。

1まいのかがみで当てた日光

2まいのかがみで集めた日光

つめたく	あたたかく
明るく	暗く

2 右の図は，虫めがねで日光を集めるようすを表したものです。次の文の（ ）にあてはまることばを， 　　　　からえらんで書きましょう。　　（1つ10点）

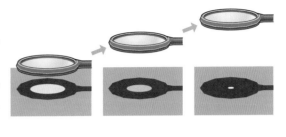

(1) 図のように虫めがねを紙から遠ざけていくと，日光の集まる部分の大きさは，しだいに（　　　　　　）なっていく。

(2) 日光が，より小さい場所に集められると，明るさはいっそう①（　　　　　　）なり，温度はいっそう②（　　　　　　）なる。

> 大きく　　小さく　　明るく　　暗く　　ひくく　　高く

3 右の図は，3まいのかがみで日光を集めているようすを表したものです。これについて，次の問題に答えましょう。　　（1つ7点）

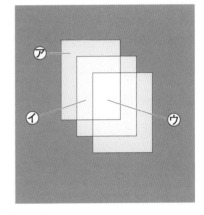

(1) 図の㋐〜㋒の部分は，それぞれ何まいのかがみで集めた光が当たっていますか。

㋐（　　　）まい　㋑（　　　）まい
㋒（　　　）まい

(2) ㋐〜㋒を，明るいほうからじゅんに，書きましょう。

（　　　→　　　→　　　）

(3) ㋐〜㋒を，あたたかいほうからじゅんに書きましょう。

（　　　→　　　→　　　）

4 次の文は，虫めがねを使うときの注意について書いたものです。正しいものには○を，まちがっているものには×を書きましょう。　　（1つ5点）

(1)（　　）虫めがねで，太陽を見てもよい。

(2)（　　）虫めがねで集めた日光を，人のからだに当ててはいけない。

(3)（　　）虫めがねで集めた日光は，服にならば当ててもよい。

答え➡別冊解答10ペー

とく点　　/100点

33 日光を集める②

1 **右の図のように，何まいかのかがみで，日光を１つのところに集めました。次の問題に答えましょう。**　（１つ５点）

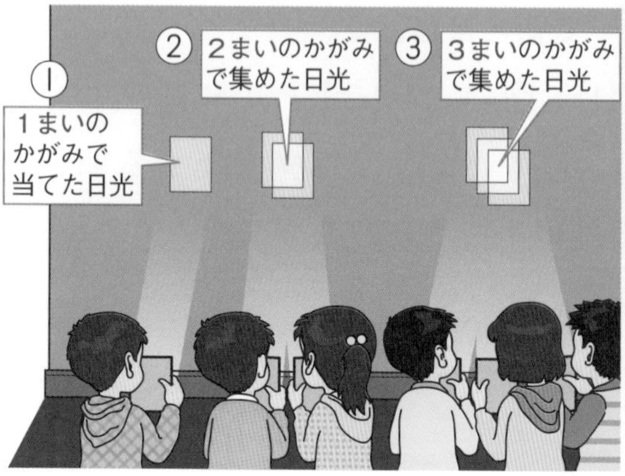

①
１まいの かがみで 当てた日光
②
２まいのかがみ で集めた日光
③
３まいのかがみ で集めた日光

(1)　図の①～③のうち，いちばん明るいのはどれですか。　（　　）

(2)　(1)で答えたところがいちばん明るくなるのはどうしてですか。次の㋐～㋒からえらびましょう。　（　　）

㋐　いちばんたくさんのかがみで，日光を集めているから。

㋑　いちばん少ないかがみで，日光を集めているから。

㋒　かがみで日光を集めていないから。

(3)　図の①～③のうち，いちばんあたたかいのはどれですか。　（　　）

(4)　(3)で答えたところがいちばんあたたかくなるのはどうしてですか。(2)の㋐～㋒からえらびましょう。　（　　）

2 **右の図のように，虫めがねで日光を集めました。これについて，次の問題に答えましょう。**　（１つ10点）

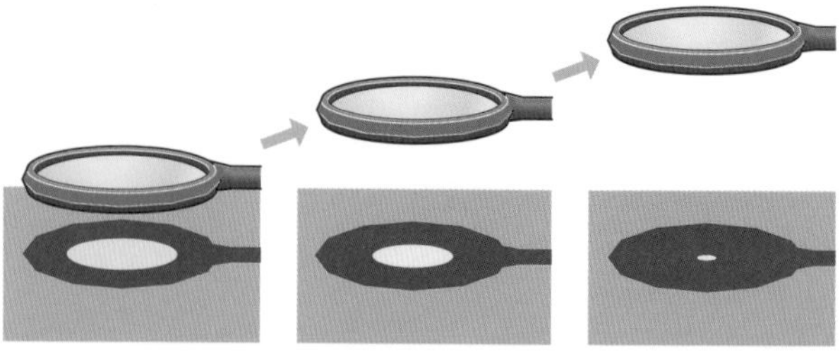

(1)　明るさがより明るくなるのは，日光を集めた部分が大きいときですか，小さいときですか。　（　　）

(2)　温度がより高くなるのは，日光を集めた部分が大きいときですか，小さいときですか。　（　　）

(3)　次の文の(　)にあてはまることばを書きましょう。

［　虫めがねで日光を集めると，温度がとても(　　　　)なるので，ぜったいに人のからだや服に当ててはいけない。］

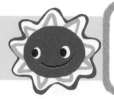

3 右の図のように，何まいかのかがみで，日光を１つのところに集めたところ，㋐の部分がいちばん明るく，あたたかくなりました。これについて，次の問題に答えましょう。(1つ10点)

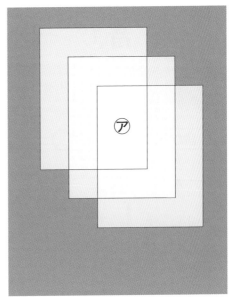

(1) ㋐の部分がいちばん明るくなったのはどうしてですか。

（　　　　　　　　　　　　　　　　）

(2) ㋐の部分がいちばんあたたかくなったのはどうしてですか。

（　　　　　　　　　　　　　　　　）

4 右の図のように，日光を集めている虫めがねを動かしました。次の問題に答えましょう。

((1)(3)1つ10点，(2)1つ5点)

(1) 虫めがねを図のように動かしていくと，日光が集まる部分の大きさは，どうなりますか。

（　　　　　　　　　　　）

(2) 虫めがねを図のように動かすと，日光が集まる部分の明るさと温度はどうなりますか。それぞれ書きましょう。

明るさ（　　　　　　　　）

温度（　　　　　　　　）

(3) 虫めがねを使うときは，虫めがねで集めた日光を，ぜったいに人のからだや服などに当ててはいけません。そのわけを書きましょう。

（　　　　　　　　　　　　　　　　　　　　）

34 音①

答え➡別冊解答10ペー

とく点

/100点

おぼえよう

音が出ていないとき
トライアングルは
ふるえていない。

かるく
ふれる。

音が出ているとき
トライアングルは
ふるえている。

かるく
ふれる。

音が出ているトライアングルを強くにぎる
音が止まる。

たいこの上に小さく切った紙を
おき，弱くたたいたり，強くた
たいたりする。

小さく
切った紙

音が小さいとき
紙の動きは小さい。
ふるえが小さい。

弱く
たたく。

音が大きいとき
紙の動きは大きい。
ふるえが大きい。

強く
たたく。

音がつたわるとき

糸電話で音がつたわるとき，糸はふるえている。

糸電話の糸を指でつまむ。
糸電話の糸をたるませる。 ➡ 糸はふるえない。 ➡ 音はつたわらない。

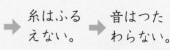

---

1 たいこをたたいて音を出します。これについて，次の問題に答えましょう。

（1つ10点）

(1) たいこをたたいたとき，大きな音が出るのは，強くたたいたときですか，
弱くたたいたときですか。 （　　　　　　　　）

(2) 大きな音が出ているとき，たいこのふるえ方は小さいですか，大きいで
すか。 （　　　　　　　　）

2

下の図のように，たいこの上に小さく切った紙をのせました。たいこを強くたたいたときと弱くたたいたとき，たたく前のようすを，それぞれ㋐〜㋒からえらびましょう。　　（１つ10点）

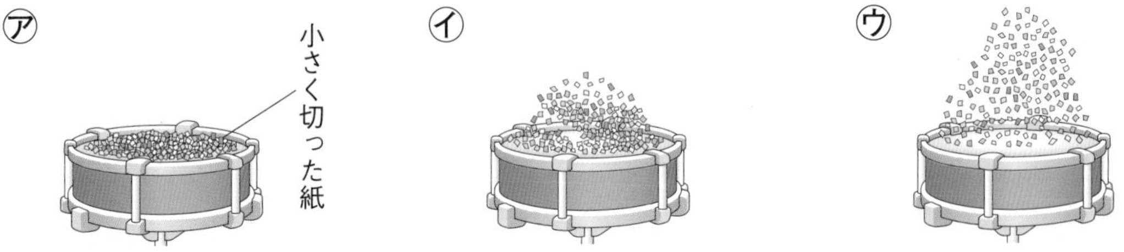

㋐ 紙は動かない。　㋑ 紙は小さく動く。　㋒ 紙ははげしく動く。

強くたたいたとき（　　　）

弱くたたいたとき（　　　）

たたく前（　　　）

3

次の文は，トライアングルをたたいて音を出したときのようすを書いたものです。（　）にあてはまることばを，　　　からえらんで書きましょう。　　（１つ10点）

(1) トライアングルを強くたたいたときと，弱くたたいたときで，トライアングルのふるえ方は（　　　　　）。

(2) トライアングルの音が大きくなるほど，トライアングルのふるえ方は①（　　　　）なり，音が出ているトライアングルを強くにぎると，音は②（　　　　）。

かわる　　かわらない　　大きく　　小さく　　止まる　　止まらない

4

次の文は，糸電話について書いたものです。（　）にあてはまることばを，　　　からえらんで書きましょう。　　（１つ10点）

(1) 糸電話で話しているとき，糸にそっと指（ゆび）でふれると，糸は（　　　　　）いる。

(2) 糸電話で話しているとき，糸を指でつまむと，声は（　　　　　）。

ふるえて　　止まって　　聞こえる　　聞こえない

答え➡別冊解答11ペー

35 音②

とく点

/100点

1 下の図のように，糸電話で話をしました。㋐では声が聞こえましたが，㋑と㋒では声が聞こえませんでした。次の問題に答えましょう。（1つ10点）

㋐

糸をぴんとはっている。

㋑

糸を指でつまんでいる。

㋒

糸がたるんでいる。

(1) ㋐で，声が聞こえているときに，糸電話の糸にかるくふれると，糸はどんなようすですか。（　　　　　　　）

(2) ㋑や㋒で，声が聞こえるようにするには，どうすればよいですか。（　）にあてはまることばを書きましょう。

［㋑は，糸から，つまんでいる指を①（　　　　　　）。
㋒は，たるんでいる糸を②（　　　　　　）。］

(3) 糸電話の糸のかわりに，はり金を使って話しても，声は聞こえました。このとき，はり金はふるえていますか，ふるえていませんか。
（　　　　　　　）

2 下の図のように，わゴムギターで音を出します。次の問題に答えましょう。

（1つ9点）

ま上から，わゴムのふるえ方を見たところ

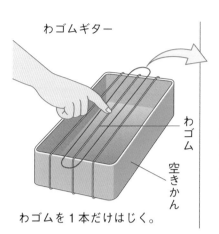

わゴムギター

わゴム

空きかん

わゴムを1本だけはじく。

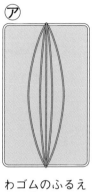
⑦
わゴムのふるえ方は小さい。

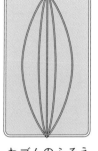
⑦
わゴムのふるえ方は大きい。

⑦
わゴムはふるえていない。

(1)　大きい音が出ているものと小さい音が出ているもの，音が出ていないものを，それぞれ⑦〜⑦からえらびましょう。

大きい音が出ているもの（　　　）

小さい音が出ているもの（　　　）

音が出ていないもの（　　　）

(2)　音が出ていないもののわゴムは，ふるえていますか，ふるえていませんか。

（　　　　　　　）

3 音が出ているときのトライアングルのようすについて，次の問題に答えましょう。　　　　　　（1つ8点）

(1)　出ている音が大きいときと小さいときで，トライアングルのふるえ方が大きいのはどちらですか。

（　　　　　　　）

(2)　音が出ているとき，トライアングルはどうなっていますか。

（　　　　　　　　）

(3)　音が出ているトライアングルを強くにぎると音が止まるのは，どうしてですか。（　）にあてはまることばを書きましょう。

〔　トライアングルのふるえが（　　　　　　　）から。　〕

答え➡別冊解答11ペ-

36 たんげんのまとめ

とく点

/100点

1 右の図のように，かがみではね返した日光をかべに当てました。これについて，次の問題に答えましょう。（１つ10点）

⑴　図の①の部分よりも明るいところを，図の㋐～㋒からえらびましょう。（　　）

⑵　⑴で答えたところの明るさを，より明るくするためにはどうすればよいですか。次の㋐，㋑からえらびましょう。（　　）

㋐　日光を集めるかがみの数をふやす。

㋑　日光を集めるかがみの数をへらす。

⑶　かべの日光が当たっているところに，かがみをもう１まいおくと，光ははね返りますか，はね返りませんか。（　　　　　　）

2 いろいろなものを使って音を出しました。次の問題に答えましょう。（１つ10点）

⑴　次の文は，音の大きさやふるえ方について書いたものです。正しいものを，㋐～㋓から２つえらびましょう。（　　，　　）

㋐　ものを強くたたくほど，出る音は大きくなる。

㋑　ものを強くたたくほど，出る音は小さくなる。

㋒　音の大きさがちがっても，ふるえ方はかわらない。

㋓　音の大きさが小さいほど，ふるえ方は小さくなる。

⑵　音が出ているものを手でおさえてふるえを止めると，音はどうなりますか。（　　　　　　）

3 下の図は，小さく切った紙をのせたたいこと，わゴムギターで，音が出る前と音が出ているときのようすを表したものです。次の問題に答えましょう。（1つ10点）

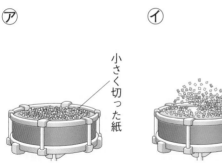

ア
小さく切った紙
紙は動いていない。

イ
紙は動いている。

カ

キ

わゴムはふるえていない。　わゴムはふるえている。

(1) たいこで，音が出ているものは，ア，イのどちらですか。（　　）

(2) わゴムギターで，音が出ていないものは，カ，キのどちらですか。

（　　）

(3) (1)と(2)のことがわかるのはなぜですか。（　）にあてはまることばをそれぞれ書きましょう。

① たいこの上の紙が（　　　　　　　　　　　）から。

② わゴムギターのわゴムが（　　　　　　　　　　　）から。

4 糸電話を作って，下の図のア，イのようにしましたが，声が聞こえませんでした。声が聞こえないのはどうしてですか。次の文の（　）にあてはまることばを書きましょう。

（10点）

ア
糸を指でつまんでいる。

イ
糸がたるんでいる。

［　糸を指でつまんでいるときや，糸がたるんでいるときは，
糸が（　　　　　　　　　　）ので，音がつたわらないから。　］

37 電気の通り道①

答え➡別冊解答11ペー

とく点

/100点

おぼえよう

電気の通り道

かん電池の＋きょく，豆電球，かん電池の－きょくを，１つのわのようにどう線でつなぐと，電気の通り道ができて電気が流れ，豆電球の明かりがつく。

電気の通り道のことを回路という。

右のようにすると，ソケットなしで豆電球に明かりをつけることができる。

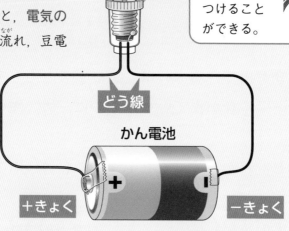

豆電球に明かりがつかないとき

・豆電球がゆるんでいる。
・フィラメントが切れている。
・かん電池のきょくにどう線がぴったりとついていない。

フィラメントが切れている。

はなれている。

明かりがつくとき

豆電球

ソケット

---

1 右の図は，豆電球に明かりがつくときの，電気の通り道を表したものです。□□にあてはまることばを，　　からえらんで書きましょう。　（１つ８点）

```
＋　－　　かん電池
どう線　ソケット　豆電球
```

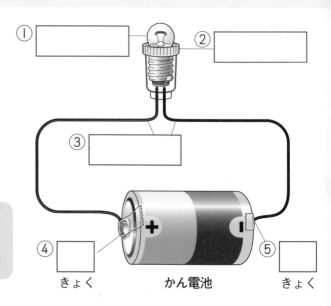

①
②
③
④　　きょく　　かん電池　　⑤　　きょく

2 右の図のようにつないで，豆電球に明かりをつけました。次の（ ）にあてはまることばを，   からえらんで書きましょう。 （1つ10点）

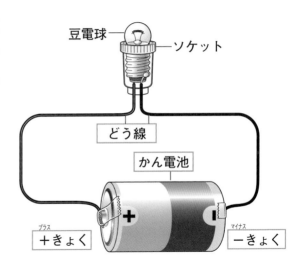

　かん電池の＋きょく，豆電球，かん電池の①（　　　　）きょくを，１つの②（　　　　　　）のようにどう線でつなぐと，③（　　　　　　）の通り道ができて電気が流れ，豆電球に明かりがつく。

> わ　　電気　　－

3 次の文は，豆電球に明かりがつかないときのことを書いたものです。（ ）にあてはまることばを，   からえらんで書きましょう。 （1つ10点）

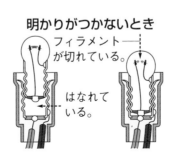

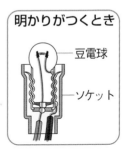

　豆電球がゆるんでいたり，豆電球の中の①（　　　　　　）が切れていたりするときや，かん電池の②（　　　　　　）にどう線がぴったりとついていないときのように，電気の通り道が③（　　　　　　）ときは，豆電球に明かりはつかない。

> フィラメント　　きょく　　豆電球
> つながっている　　切れている

答え➡別冊解答11ペー

38 電気の通り道②

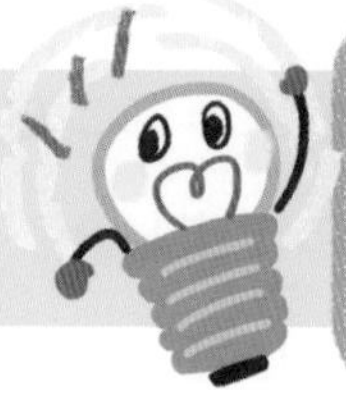

とく点

/100点

1

右の図のように，豆電球，ソケット，どう線，かん電池をつなぎました。これについて，次の問題に答えましょう。（1つ10点）

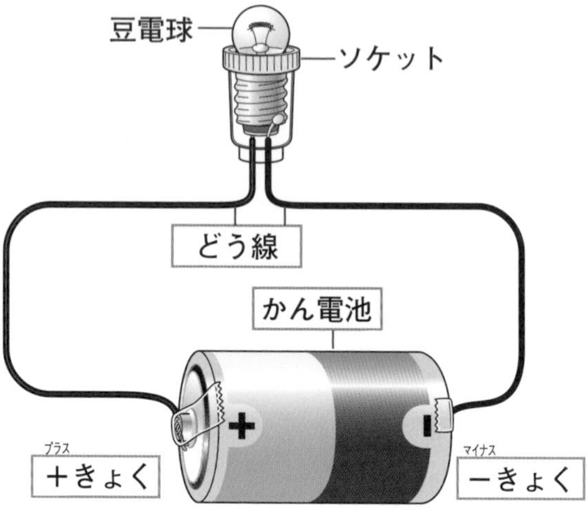
豆電球
ソケット
どう線
かん電池
＋きょく
－きょく

(1)　豆電球に明かりがついているとき，電気は流れていますか，流れていませんか。

(　　　　　　　)

(2)　どう線をかん電池からはなすと，豆電球の明かりが消えました。このとき，電気は流れていますか，流れていませんか。(　　　　　　　)

2

豆電球とソケットやどう線が，右の図のようになっています。図の□に，豆電球に明かりがつくものには○を書き，明かりがつかないものには，どうしたら明かりがつくか，次の㋐～㋒からえらんで書きましょう。（1つ10点）

㋐　豆電球をソケットのおくまで入れる。

㋑　豆電球を新しいものにかえる。

㋒　ソケットを新しいものにかえる。

(1)

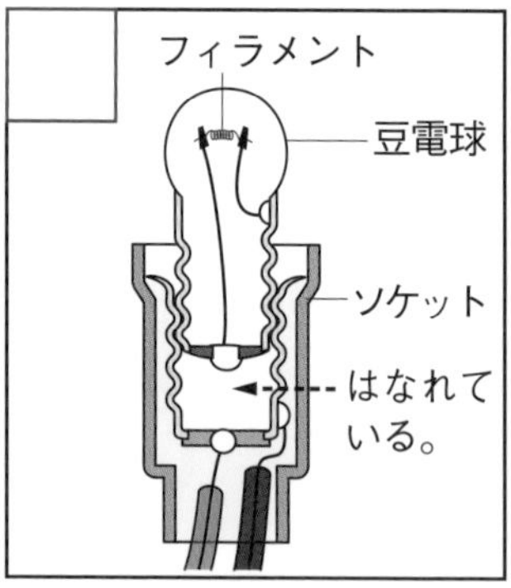
フィラメント
豆電球
ソケット
はなれている。

(2)

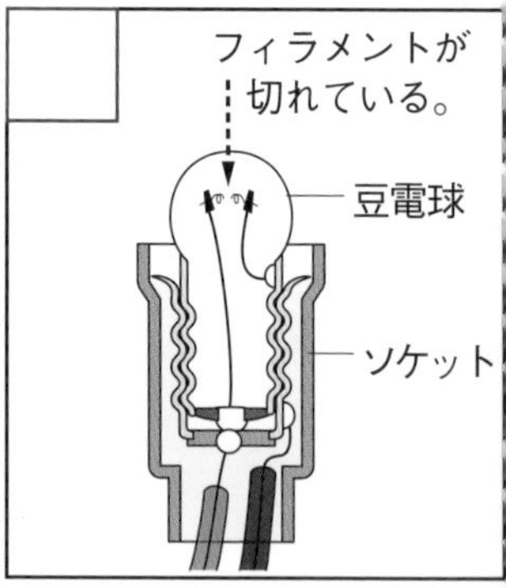
フィラメントが切れている。
豆電球
ソケット

(3)

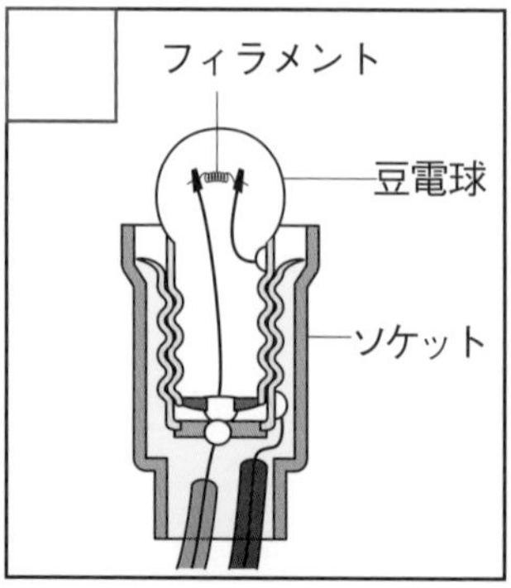
フィラメント
豆電球
ソケット

(4)

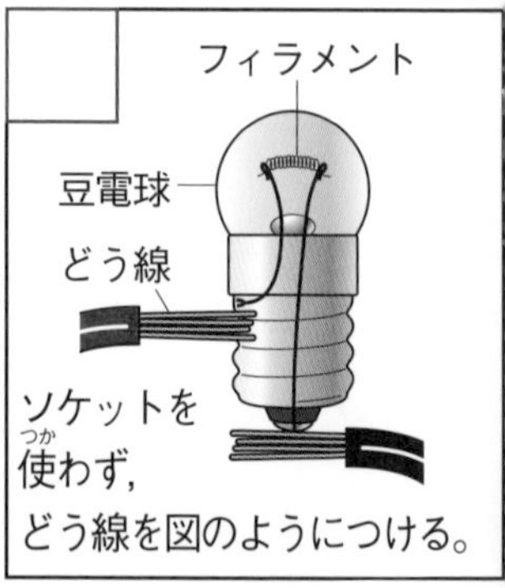
フィラメント
豆電球
どう線
ソケットを使わず，
どう線を図のようにつける。

3

下の図のように，どう線とかん電池のつなぎ方をいろいろかえてみました。どれも，電気の通り道が，１つのわになっているように見えましたが，豆電球に明かりがついたのは１つしかありません。豆電球に明かりがついたのはどれですか。㋐～㋓からえらびましょう。　（10点）

（　　　）

㋐
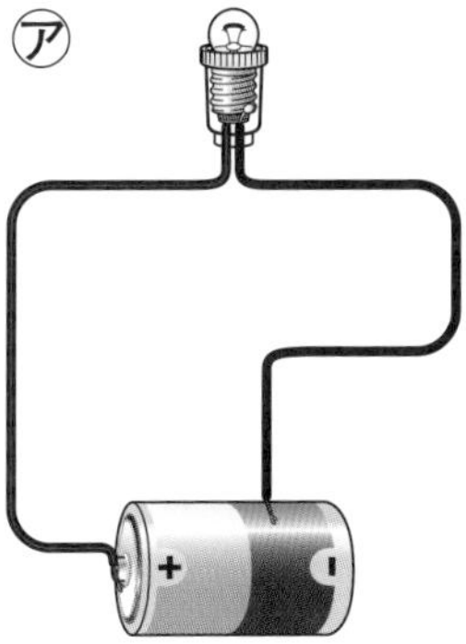

㋑
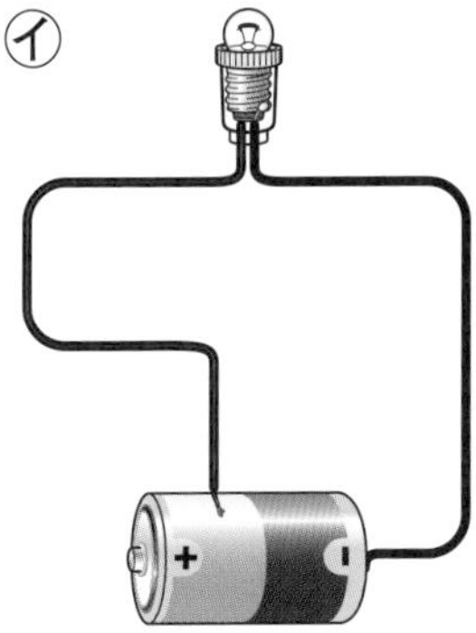

㋒
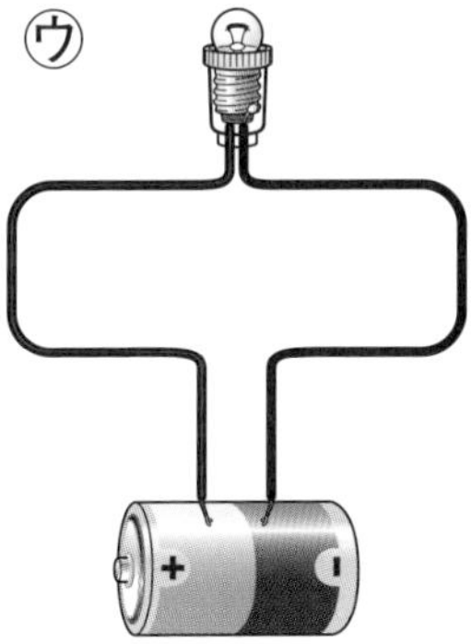

㋓
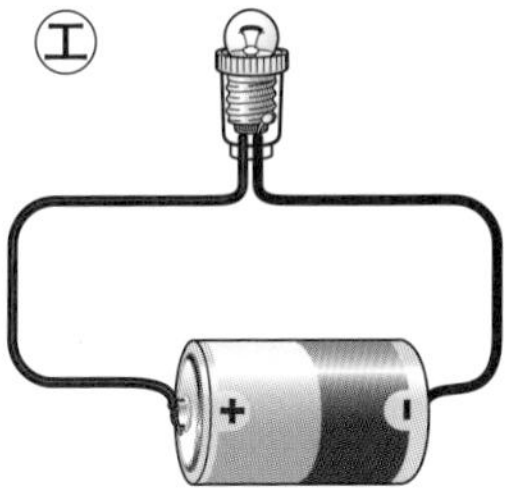

4

右の図の①～③のようになっているとき，どの豆電球にも明かりはつきませんでした。どうすれば，豆電球に明かりがつきますか。それぞれ書きましょう。　（１つ10点）

①（　　　　　　　　　　）

②（　　　　　　　　　　）

③（　　　　　　　　　　）

①
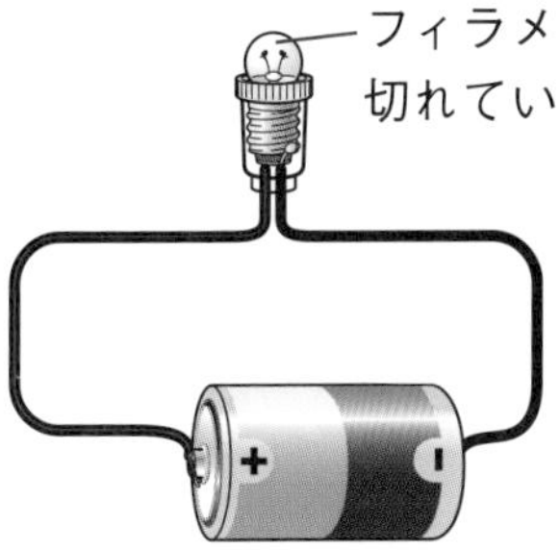
フィラメントが
切れている。

②
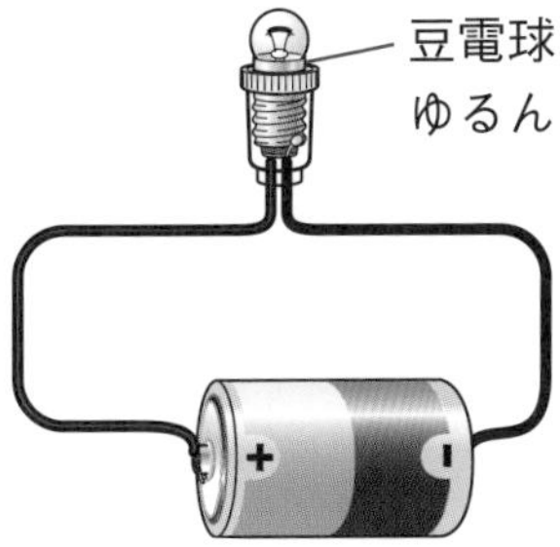
豆電球が
ゆるんでいる。

③
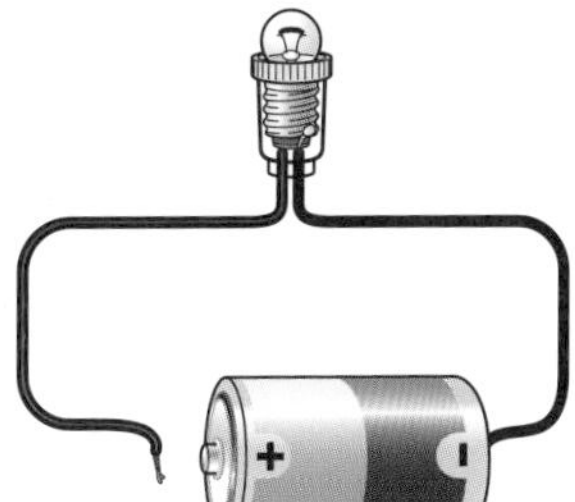

どう線がかん電池のきょくから
はなれている。

39 電気を通すものと通さないもの①

答え➡別冊解答12ページ

とく点

/100点

電気を通すものと通さないもの

ものには，電気を通すものと通さないものがある。

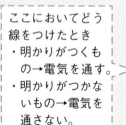

ここにおいてどう線をつけたとき
・明かりがつくもの→電気を通す。
・明かりがつかないもの→電気を通さない。

電気を通すもの

鉄，銅，アルミニウムなどの金ぞく。

スプーン（鉄）

アルミニウムはく（アルミニウム）

ゼムクリップ（鉄）

くぎ（鉄）

10円玉（銅）

電気を通さないもの

紙，木，プラスチックなど。

はさみ（鉄）（プラスチック）

スプーン（プラスチック）

コップ（ガラス）

ノート（紙）

銅　どう線

ビニル（プラスチック）

わりばし（木）

鉄などのかんは，表面にぬってあるものを紙やすりなどではがすと，電気を通す。

スイッチ

電気の通り道を切ったりつないだりするものを，スイッチという。

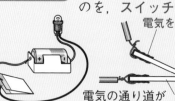

電気を通すもの（アルミニウムはくなど）

電気の通り道が切れている。

電気を通さないもの（紙など）

電気の通り道がつながる。

---

1 次のもののうち，電気を通すものには○を，電気を通さないものには×を書きましょう。

（1つ4点）

① ☐  スプーン（鉄）

② ☐ アルミニウムはく（アルミニウム）

③ ☐  ノート（紙）

④ ☐  ゼムクリップ（鉄）

⑤ ☐ わりばし（木）

2 次のもののうち，電気を通すものには○を，電気を通さないものには×を書きましょう。 （1つ5点）

① □

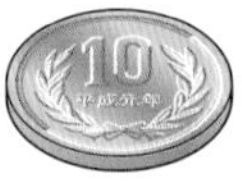

10円玉
（銅）

② □

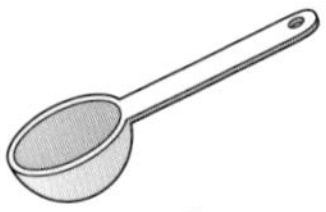

スプーン
（プラスチック）

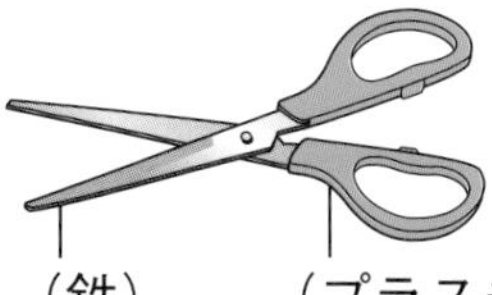

はさみ
（鉄）　（プラスチック）
③ □　④ □

⑤ □

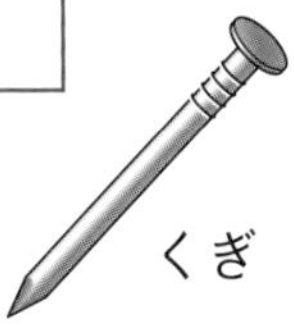

くぎ（鉄）

⑥ □

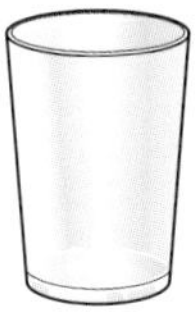

コップ
（ガラス）

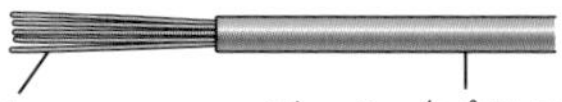

どう線
銅　ビニル（プラスチック）
⑦ □　⑧ □

3 次の図のようにつないだとき，豆電球に明かりはつきますか，つきませんか。明かりがつくものには○を，つかないものには×を書きましょう。 （1つ5点）

① □

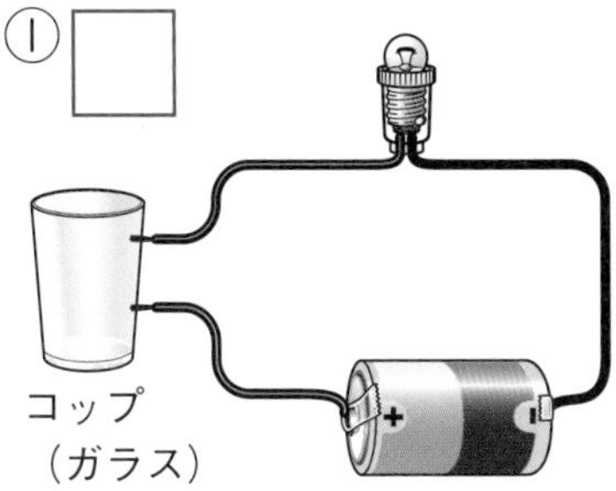

コップ
（ガラス）

② □

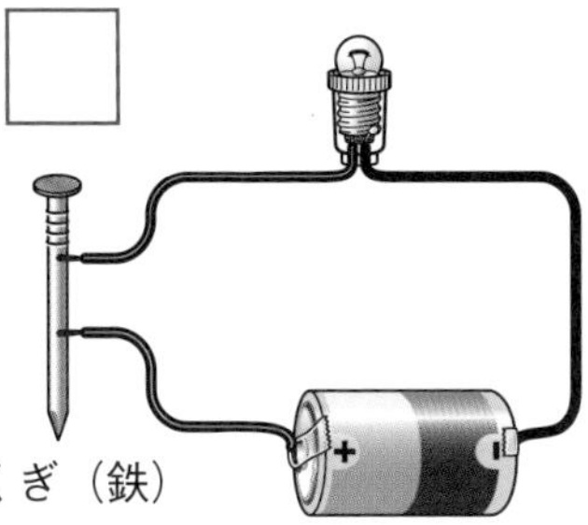

くぎ（鉄）

③ □

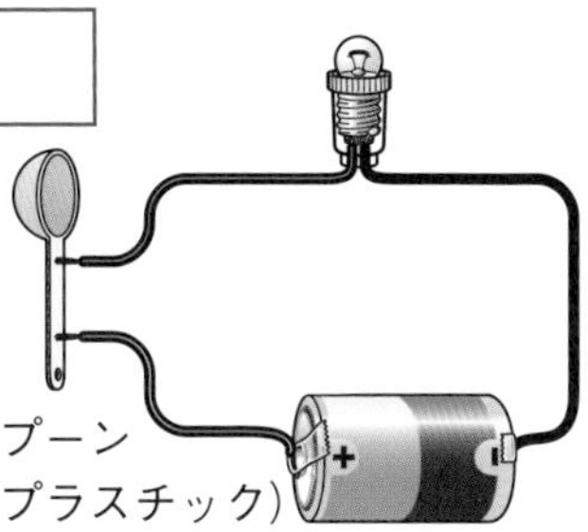

スプーン
（プラスチック）

④ □

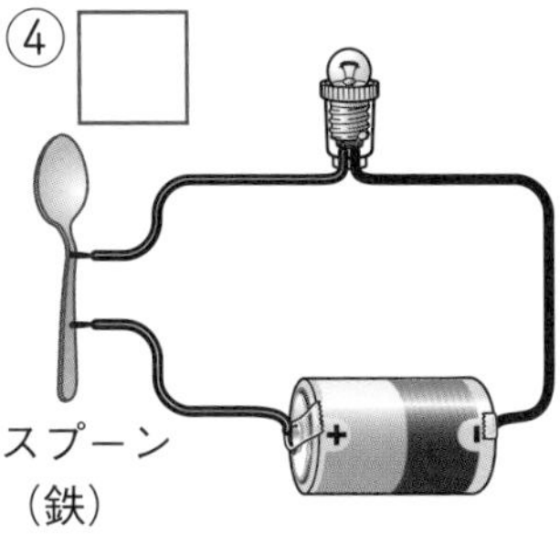

スプーン
（鉄）

⑤ □

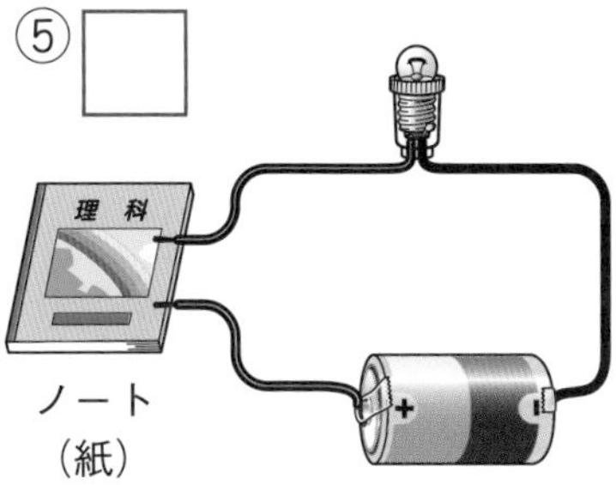

ノート
（紙）

⑥ □

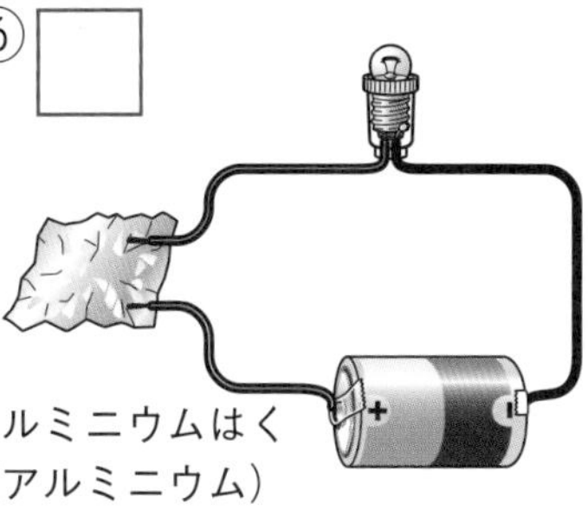

アルミニウムはく
（アルミニウム）

4 次の文の（　）にあてはまることばを，［　　］からえらんで書きましょう。

（1つ5点）

鉄，銅，アルミニウムなどの①（　　　　）は電気を通すが，
紙，木，②（　　　　）などは電気を通さない。

金ぞく　　プラスチック

答え➡別冊解答12ペー

とく点

/100点

40 電気を通すものと通さないもの②

1

右の図のように，豆電球，ソケット，どう線，かん電池と，鉄のかんをつなぎました。これについて，次の問題に答えましょう。（1つ10点）

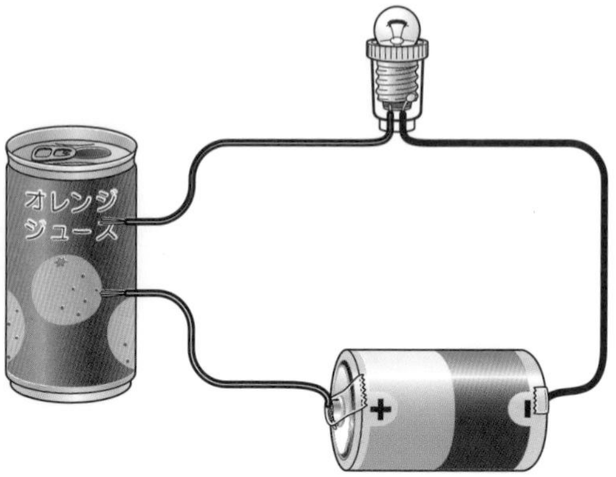

(1) かんをそのままつないだとき，豆電球に明かりはつきますか，つきませんか。

（　　　　　　）

(2) (1)のようになるのは，かんの表面にぬってあるものが電気を通すからですか，電気を通さないからですか。（　　　　　　）

(3) かんの表面にぬってあるものを紙やすりではがしてどう線をつなぎました。豆電球に明かりはつきますか，つきませんか。（　　　　　　）

2

右の図のように，豆電球，ソケット，どう線，かん電池と，スイッチをつなぎました。[ア]，[イ]はスイッチを横から見たようすです。これについて，次の問題に答えましょう。（1つ10点）

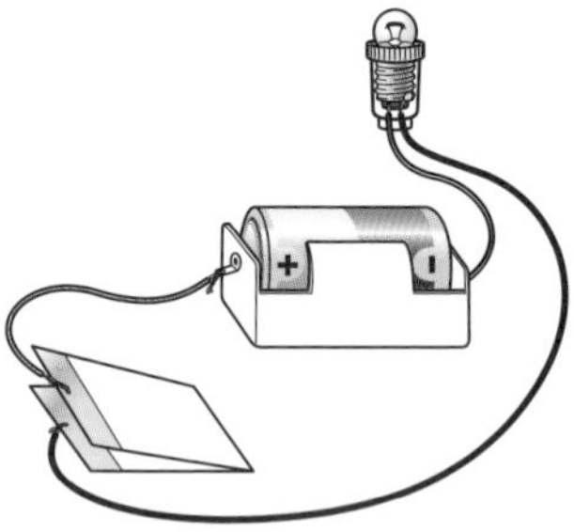

(1) スイッチに使われている紙は，電気を通しますか，通しませんか。（　　　　　　）

(2) スイッチが[ア]のようになっているとき，豆電球に明かりはつきますか，つきませんか。

（　　　　　　）

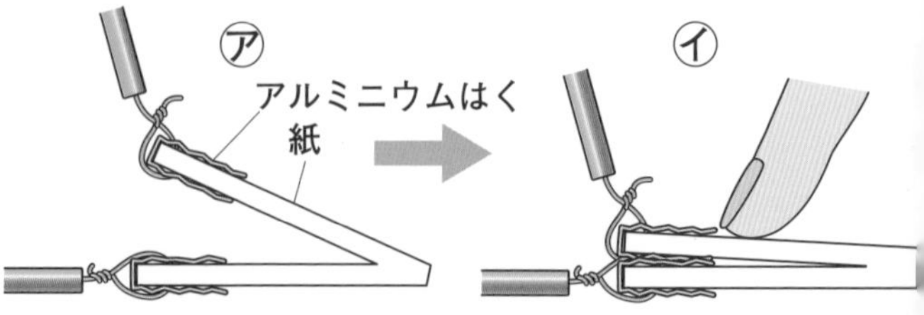

(3) スイッチを[イ]のようにすると，豆電球に明かりはつきますか，つきませんか。（　　　　　　）

3 下の図のように，豆電球，ソケット，どう線，かん電池と，身のまわりにあるいろいろなものをつなぎました。次の問題に答えましょう。　　（１つ10点）

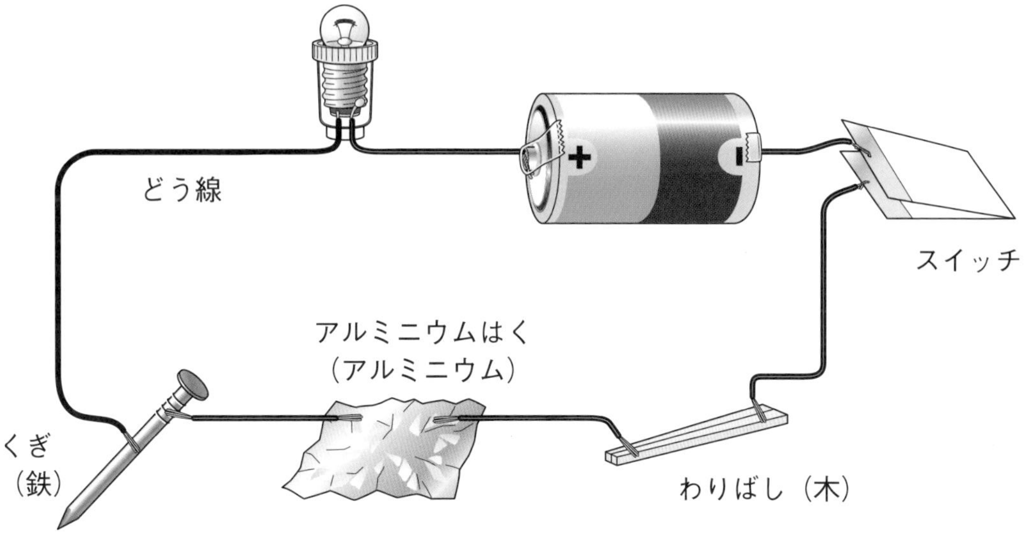

⑴　どう線を使うとき，右の図のように，ビニルをとらなければなりません。そのわけを書きましょう。

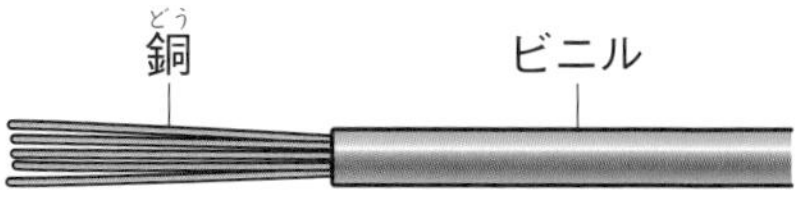

（　　　　　　　　　　　　　　　　　　　　）

⑵　スイッチは，どのようなものでできていますか。次の㋐～㋒からえらびましょう。　（　　　）

㋐　電気を通すものだけでできている。

㋑　電気を通さないものだけでできている。

㋒　電気を通すものと，通さないものとでできている。

⑶　上の図で，スイッチを入れても豆電球に明かりがつきませんでした。

①　豆電球がつくようにするためには，くぎ，アルミニウムはく，わりばしのうち，どれをべつのものにかえればよいですか。

（　　　　　　）

②　豆電球がつくようにするには，①でえらんだもののかわりに，何をつなげばよいですか。次の㋐～㋓からえらびましょう。　（　　　）

㋐　ガラスのコップ　　㋑　鉄のスプーン

㋒　紙のノート　　㋓　プラスチックのスプーン

答え➡別冊解答12ペー

41 たんげんのまとめ

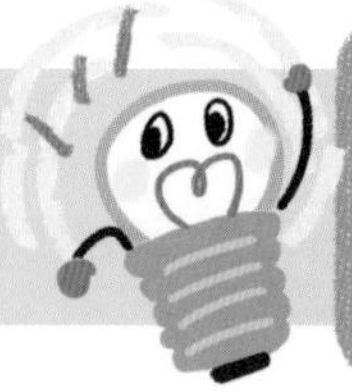

とく点

/100点

1 下の図の㋐～㋕のうち，豆電球に明かりがつくのはどれですか。1つえらびましょう。

（20点）（　　）

㋐
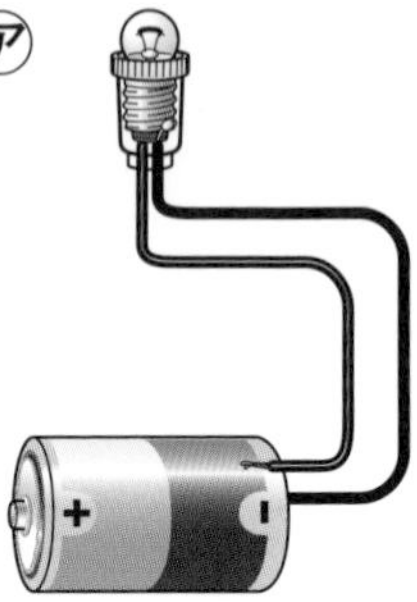

㋑
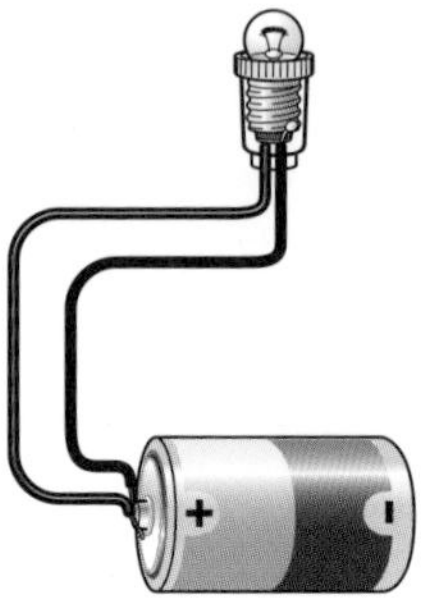

㋒
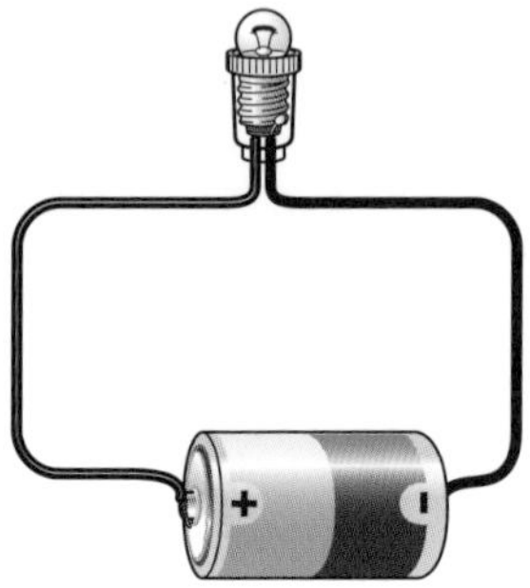

㋓
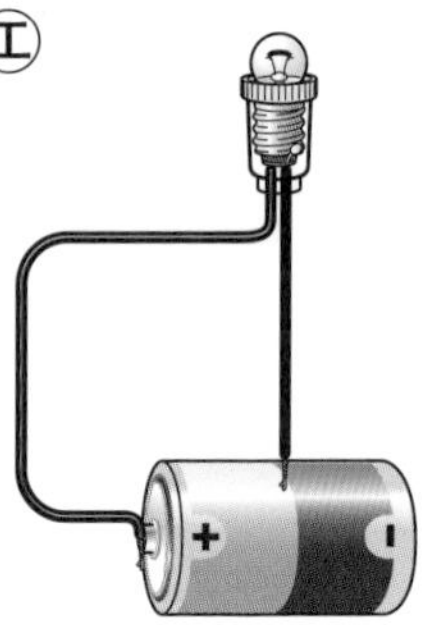

㋔
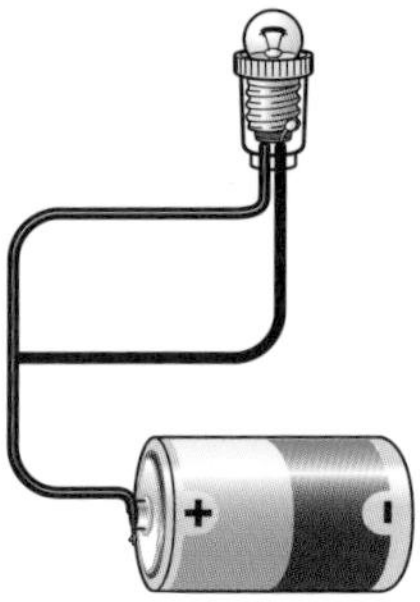

㋕
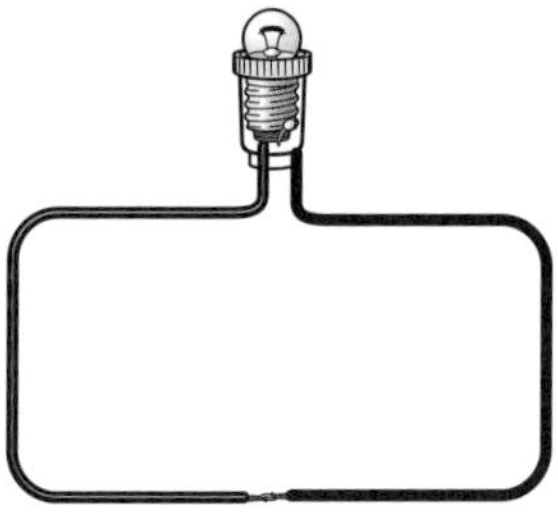

2 下の図の㋐～㋕のうち，豆電球に明かりがつくのはどれですか。すべてえらびましょう。

（20点）（　　　　）

㋐
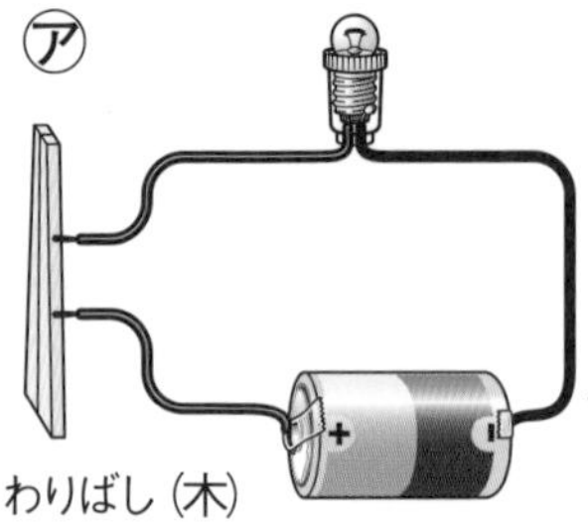
わりばし (木)

㋑
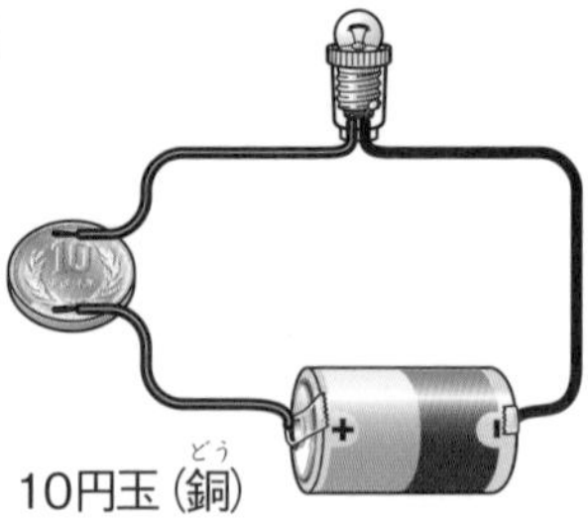
10円玉 (銅)

㋒
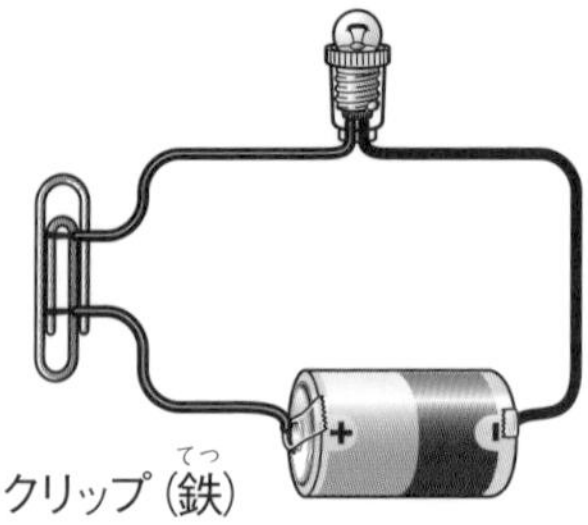
クリップ (鉄)

㋓
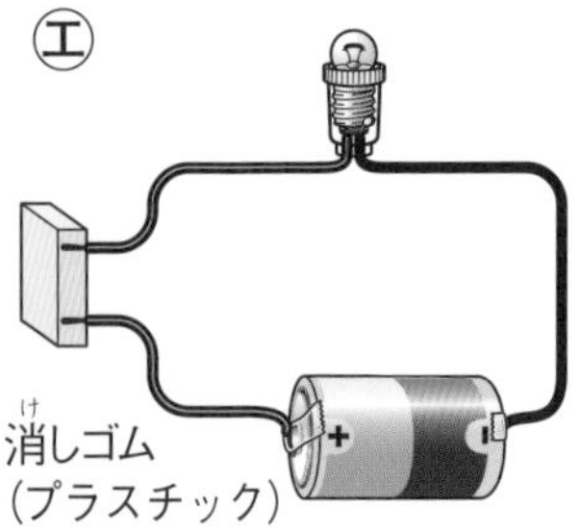
消しゴム (プラスチック)

㋔
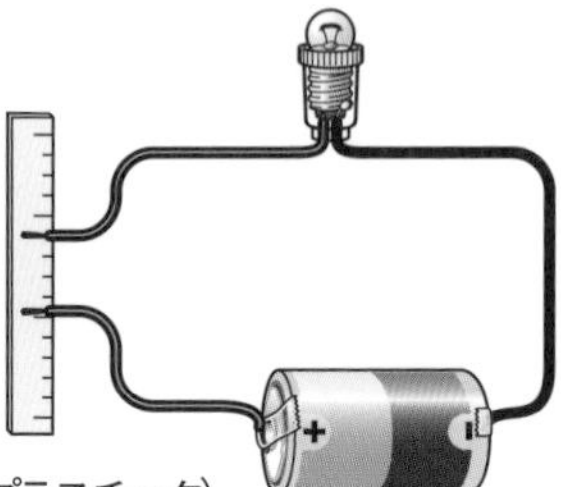
じょうぎ (プラスチック)

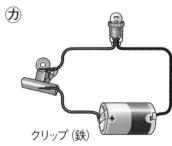

㋕
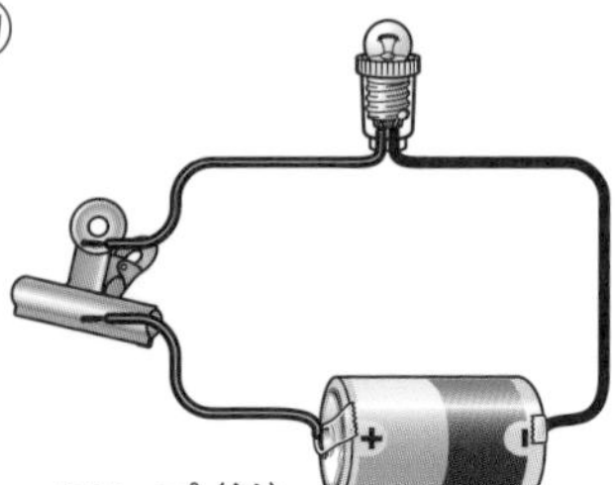
クリップ (鉄)

3 **右の図のように，豆電球とソケット，どう線，かん電池をつなぎましたが，明かりはつきませんでした。これについて，次の問題に答えましょう。**（1つ20点）

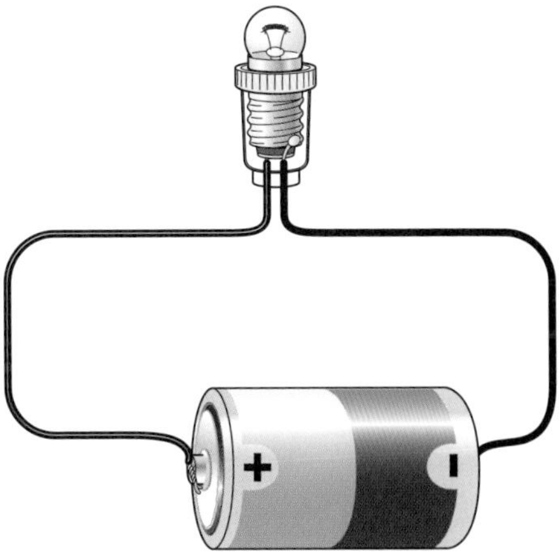

(1) 使っている豆電球を調べたところ，フィラメントが切れていました。フィラメントが切れると豆電球に明かりがつかないのはどうしてですか。次の㋐～㋓からえらびましょう。（　　）

㋐ フィラメントが切れていると，電気の通り道のわが，できるから。

㋑ フィラメントが切れていると，電気の通り道のわが，できないから。

㋒ フィラメントが切れていると，電気の通り道のわが，２つになるから。

㋓ フィラメントが切れていると，電気が，通り道のわでないところを流れるから。

(2) 豆電球を，フィラメントが切れていないものとこうかんして，上の図のようにつなぎましたが，明かりはつきませんでした。明かりがつかないわけを次の㋐～㋓からえらびましょう。（　　）

㋐ どう線が，かん電池の＋きょくと－きょくについているから。

㋑ どう線が，かん電池のきょくにぴったりとついているから。

㋒ 豆電球が，ソケットのおくまで入っているから。

㋓ 豆電球が，ソケットのおくまで入っていないから。

(3) ソケットを使わないで豆電球に明かりをつけるには，豆電球にどう線をどのようにつなげばよいですか。次の㋐～㋓からえらびましょう。（　　）

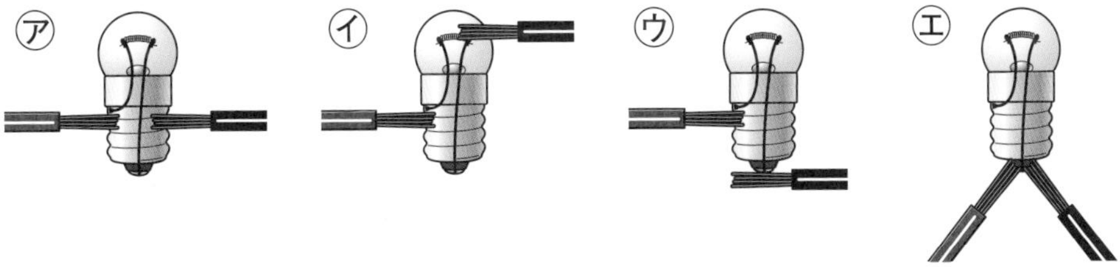

電池をつくろう

人間電池をつくりましょう。

　わたしたちは，生活の中でいろいろな電池を使っていますね。電池が発明されたのは1800年のことで，イタリアのボルタという人が発明しました。この発明によって，電気にかんする研究が進んだのです。

　電池は，＋きょくになるものと－きょくになるもの，それに電気を流すえき体があればかんたんにつくれます。

　まずは，人間電池をつくってみましょう。

　こい食塩水に両手をひたしてから，アルミニウムのなべとステンレスのフォークを下の図のように持ちます。そして，べつの金ぞくどうしをつないで，両はしを電子オルゴールにつなぐと人間電池ができ，電子オルゴールが鳴ります。なべは，とっ手ではなく金ぞくの部分をつかむようにしましょう。

　このたんげんでは，電気の通り道，電気を通すものと通さないものについて学習しました。ここでは，身近なものを使った電池づくりについて調べてみましょう。

炭とアルミニウムはくで電池をつくりましょう。

　れいぞうこのだっしゅうざいに入っている炭（活せい炭）と，アルミニウムはくと，こい食塩水を使って電池をつくりましょう。

　アルミニウムはくの上にペーパータオルをしき，こい食塩水をしみこませます。その上に炭をしき，もう1まいアルミニウムはくを重ねます。

　アルミニウムはくどうしがくっつかないようにして，モーターのどう線をつなぎ，手でおさえるとモーターが回ります。

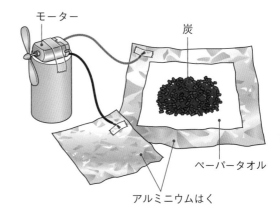

モーター
炭
ペーパータオル
アルミニウムはく

びん長炭という炭を使うと，強力な電池ができるんだよ。

自由研究のヒント

　レモンやリンゴ，ダイコンに，銅板とあえん板をさしこんで，それぞれの金ぞくどうしをつなげても電池ができます。

　いろいろな電池をためしてみよう。

42 ものの形と重さ①

答え➡別冊解答13ペー

とく点

/100点

おぼえよう

ものの重さ ものの重さは，はかりで調べたり，てんびんでくらべたりすることができる。

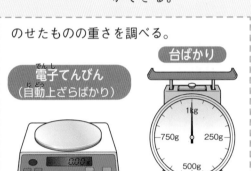

のせたものの重さを調べる。

電子てんびん（自動上ざらばかり）

台ばかり

のせたものの重さをくらべる。
左右のものの重さが同じだと，つり合い，左右の重さがちがうと，重いほうにかたむく。

てんびん

ものの形と重さ ものは，形をかえても，重さはかわらない。

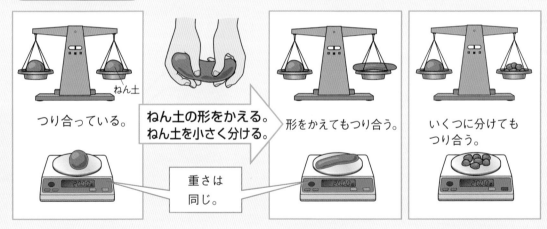

つり合っている。

ねん土の形をかえる。
ねん土を小さく分ける。

重さは同じ。

形をかえてもつり合う。

いくつに分けてもつり合う。

---

1 右の図は，電子てんびん（自動上ざらばかり）と，てんびんを表したものです。図の（　）にあてはまることばを，　　からえらんで書きましょう。（1つ15点）

同じ	ちがう
長さ	重さ

① のせたものの
（　　　　　）
がわかる。

② 左右のものが
（　　　　　）重さ
だとつり合う。

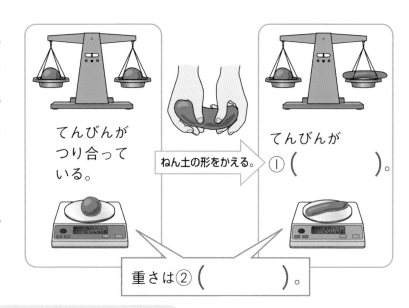

2 右の図のように，ねん土の形をかえて，重さをはかりました。これについて，次(つぎ)の問題(もんだい)に答えましょう。 （1つ14点）

(1) 図の（ ）にあてはまることばを，◯◯◯◯◯からえらんで書きましょう。

てんびんがつり合っている。

ねん土の形をかえる。

てんびんが① （　　　　　　）。

重さは② （　　　　　　）。

つり合う　　つり合わない　　同じ　　ちがう

(2) 次の文の（ ）にあてはまることばを，◯◯◯◯◯からえらんで書きましょう。

　ものは，形をかえても重さは（　　　　　　）。

かわる　　かわらない

3 次の文の（ ）にあてはまることばを，◯◯◯◯◯からえらんで書きましょう。 （1つ14点）

(1) ものの重さを調(しら)べるには（　　　　　　）を使(つか)う。

(2) ものの重さをくらべるには（　　　　　　）を使う。

てんびん　　はかり

答え➡別冊解答13ペー

とく点

/100点

43 ものの形と重さ②

1 右の図は，ものの重さを調べたり，くらべたりするときに使うものを表しています。これについて，次の問題に答えましょう。　（1つ10点）

台ばかり　　　てんびん

(1) のせたものの重さを調べるときに使い，重さが数字で表されるのはどちらですか。その名前を書きましょう。　（　　　　　　　　）

(2) 2つのものをのせて，重さをくらべるときに使うのはどちらですか。その名前を書きましょう。　（　　　　　　　　）

(3) てんびんは，左右の重さがちがうと，重いほうと軽いほうのどちらにかたむき（下がり）ますか。　（　　　　　　　　）

2 右の図のように，ねん土の形をかえました。これについて，次の問題に答えましょう。

（1つ10点）

ねん土の形をかえる。

(1) 形をかえる前に，ねん土をはかりにのせて，重さを調べたら60gでした。形をかえた後の重さは何gですか。　（　　　　　　　　）

(2) 60gのねん土を小さくちぎってから，その全部の重さをはかりました。ちぎったねん土を合わせた重さは60gより重いですか，軽いですか，同じですか。　（　　　　　　　　）

3 右の図のように，形のちがうねん土をのせると，てんびんはつり合いました。これについて，次の問題に答えましょう。

（１つ10点）

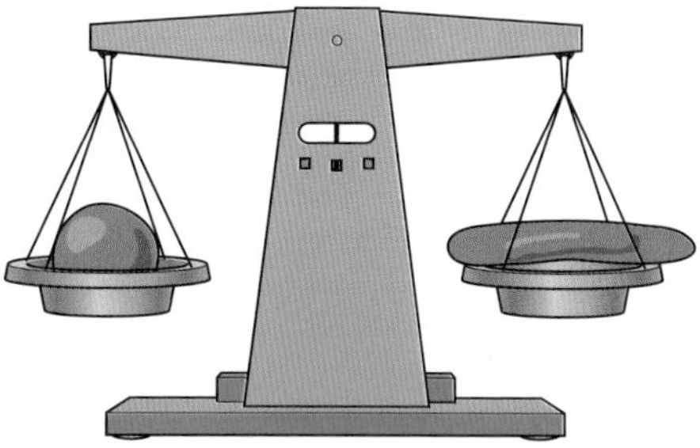

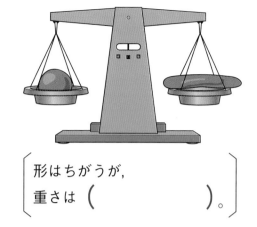

(1) 図の(　)にあてはまることばを，［　　］からえらんで書きましょう。

［同じ　　ちがう］

形はちがうが，
重さは（　　　　　）。

(2) 右のさらにのせたねん土をいくつかに分けてから，もういちど，てんびんにのせるとどうなりますか。次の㋐～㋒からえらびましょう。

（　　）

㋐ 左にかたむく。

㋑ 右にかたむく。

㋒ つり合う。

4 ねん土のかたまりの重さをはかったところ，100gでした。このねん土を２つに分けて，かたほうの重さをはかったところ，45gでした。これについて，次の問題に答えましょう。

（1つ10点）

(1) ものの重さをはかるには何を使いますか。次の㋐～㋒からえらびましょう。

（　　）

㋐ 時計　　㋑ はかり　　㋒ ものさし

(2) ２つに分けたねん土のうち，もうかたほうのねん土の重さは何gですか。

（　　　　　）

(3) ものの重さについて正しいものを，次の㋐～㋒からえらびましょう。

（　　）

㋐ ものをいくつかに分けると，全体の重さは軽くなる。

㋑ ものをいくつかに分けると，全体の重さは重くなる。

㋒ ものをいくつかに分けても，全体の重さはかわらない。

答え➡別冊解答13ペー

44 ものの体積と重さ①

とく点

/100点

おぼえよう

もののの体積と重さ

[同じものの重さ]

・体積が同じならば，重さも同じ。

・体積がちがうと，重さもちがう。

→体積が大きくなると，重さは重くなる。

→体積が小さくなると，重さは軽くなる。

[ちがうものの重さ]

・体積が同じでも，もののしゅるいによって重さがちがうことがある。

体積が同じとき

つり合う
→重さが同じ。

体積がちがうとき

つり合わない
→重さがちがう。
（体積が大きいほうが重い。）

同じ体積

すな

小麦こ

つり合わない
→重さがちがう。
（すなのほうが重い。）

1 右の図のように，同じ体積の小麦こをてんびんにのせると，てんびんはつり合いました。次の文の（　）にあてはまることばを，　　からえらんで書きましょう。 （20点）

　ものが同じで体積が同じならば，重さは
（　　　　　　　　　　）。

同じ　　ちがう

2 右の図のように，体積のちがうすなを
てんびんにのせると，てんびんはかたむ
きました。次の文の（　）にあてはまるこ
とばを，　　　　からえらんで書きましょ
う。　　　　　　　　　　（1つ20点）

> ものが同じでも体積がちがうと，
> 重さは①（　　　　　　　），
> 体積が大きいほうが重さは
> ②（　　　　　　　）。

| 同じで | ちがい | 重い | <ruby>軽<rt>かる</rt></ruby>い |

3 右の図のように，体積の同じすなと小
麦こをてんびんにのせると，てんびんは
かたむきました。次の文の（　）にあては
まることばを，　　　　からえらんで書き
ましょう。　　　　　　　　　（20点）

> もののしゅるいがちがうと体積が
> 同じでも，重さは
> （　　　　　　　）ことがある。

| 同じ | ちがう |

4 次の文は，ものの体積と重さについて書いたものです。正しいものには○を，ま
ちがっているものには×を書きましょう。　　　　　　　　　　　（1つ5点）

(1)（　　）同じものならば，体積がちがっても重さは同じ。

(2)（　　）同じものでも，体積がちがうと重さはちがう。

(3)（　　）ちがうものでも，体積が同じならば重さは同じ。

(4)（　　）ちがうものだと，体積が同じでも重さはちがうことがある。

答え➡別冊解答13ページ

とく点

/100点

45 ものの体積と重さ②

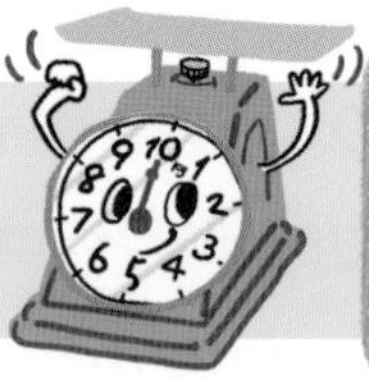

1 図1のように，2つの入れ物に入れた小麦こがあります。小麦このりょうは同じように見えますが，くわしくはわかりません。また，入れ物に目もりなどはついていませんが，同じ入れ物であることはわかっています。これについて，次の問題に答えましょう。

（1つ20点）

図1

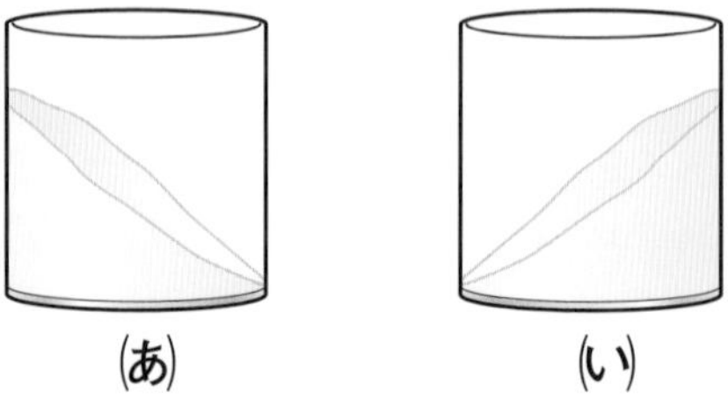

(1)　2つの入れ物をてんびんにのせたところ，てんびんは図2のようにつり合いました。このことから，何がわかりますか。次の㋐～㋒からえらびましょう。　（　　）

図2

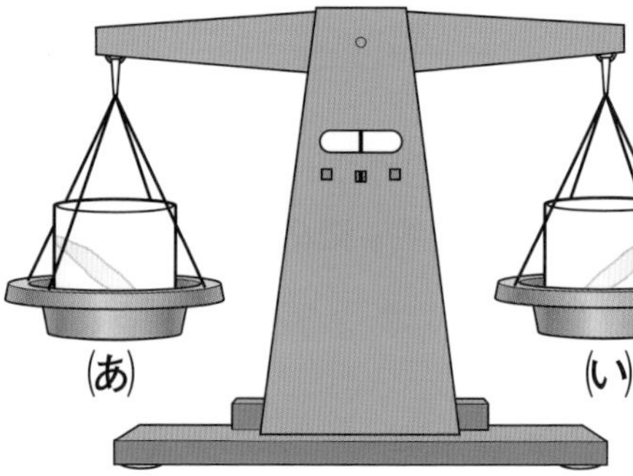

㋐　(あ)の小麦このほうが，体積が大きい。

㋑　(い)の小麦このほうが，体積が大きい。

㋒　(あ)と(い)の小麦この体積は同じ。

(2)　(1)の後，かたほうの小麦こを少しとって，もうかたほうの入れ物にうつしてからてんびんにのせると，図3のようになりました。小麦こをへらしたのは，(あ)と(い)のどちらですか。

（　　）

図3

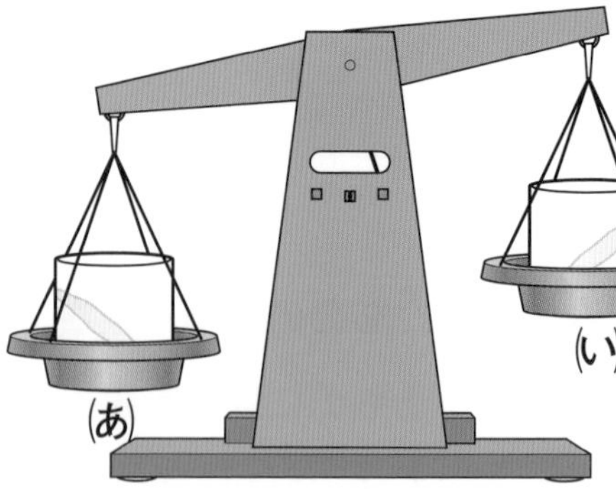

2 右の図は，体積のちがう小麦この重(おも)さを，てんびんでくらべているところを表(あらわ)したものです。次の問題に答えましょう。

（１つ２０点）

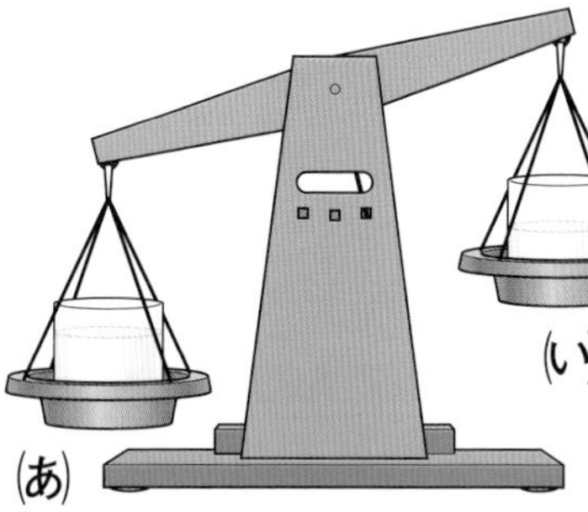

⑴　(あ)と(い)では，重いのはどちらですか。　（　　）

⑵　(あ)と(い)では，体積が大きいのはどちらですか。　（　　）

3 右の図のように，形と大きさが同じ鉄(てつ)の玉とプラスチックの玉をてんびんにのせると，てんびんがかたむきました。これについて，次の問題に答えましょう。

（１つ10点）

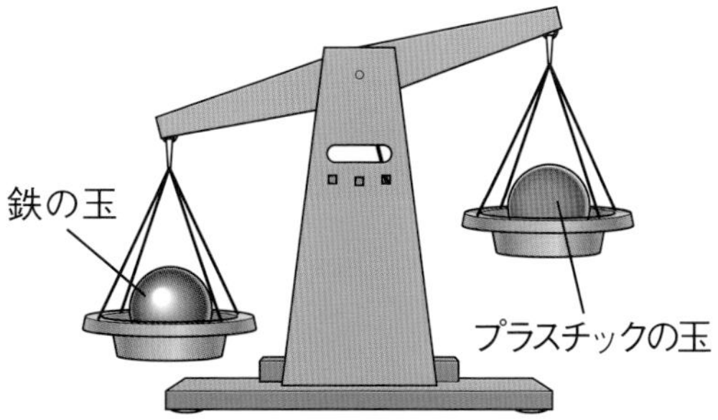

（大きさは同じ。）

⑴　右の図のようにかたむいたことから，どのようなことがわかりますか。次の㋐～㋒からえらびましょう。　（　　）

㋐　鉄の玉のほうが重い。

㋑　プラスチックの玉のほうが重い。

㋒　鉄の玉とプラスチックの玉の重さは同じ。

⑵　同じ大きさの２しゅるいのものの重さについて，どのようなことがいえますか。次の㋐，㋑からえらびましょう。　（　　）

㋐　形と大きさが同じならば，どんなものも重さは同じ。

㋑　形と大きさが同じでも，ものによって重さがちがうことがある。

答え➡別冊解答13ペー

とく点

/100点

46 たんげんのまとめ

1 下の図のように，いろいろなしゅるいのものでつくった，同じ大きさの玉㋐〜㋓の重さを，てんびんでくらべました。これについて，次の問題に答えましょう。

（1つ10点）

(1) いちばん重い玉はどれですか。㋐〜㋓からえらびましょう。

（　　　）

(2) ㋐の玉を台ばかりにのせると，右の図のようになりました。㋐の玉の重さは何gですか。　（　　　　　）

(3) ㋑の玉の重さは何gですか。

（　　　　　）

(4) このじっけんからわかることについて，（　）にあてはまることばを書きましょう。

　大きさ（体積）が同じでも，ものの
（　　　　　　　　）がちがうと，重さ
がちがうことがある。

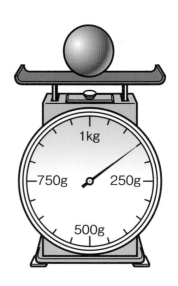

2 **右の図のように，重さが200gのねん土のかたまりを３つ用意(ようい)しました。これについて，次の問題に答えましょう。**

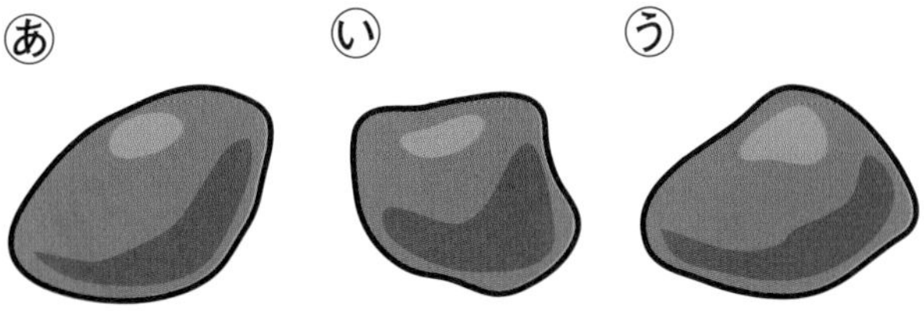

（１つ20点）

(1) ねん土のかたまり[い]を，右の図のようにいくつかにちぎってから，その全部(ぜんぶ)を電子(でんし)てんびんにのせました。電子てんびんがしめす数字はどうなりますか。次の㋐〜㋒からえらびましょう。

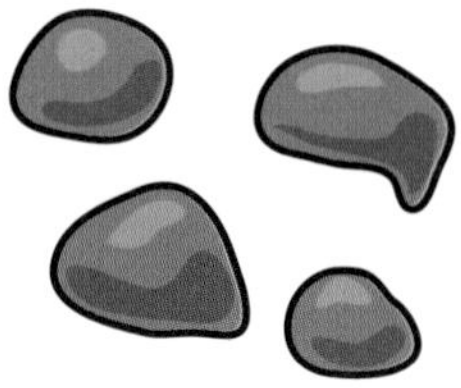

（　　）

㋐ 200gよりも大きくなる。

㋑ 200gになる。

㋒ 200gよりも小さくなる。

(2) ねん土のかたまり[う]を，右の図のように長くのばしてから，電子てんびんにのせました。電子てんびんがしめす数字はどうなりますか。次の㋐〜㋒からえらびましょう。

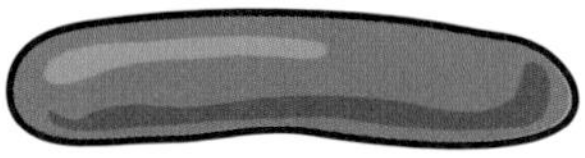

（　　）

㋐ 200gよりも大きくなる。

㋑ 200gになる。

㋒ 200gよりも小さくなる。

(3) ねん土のかたまり[あ]〜[う]の体積をくらべるとどうなっていますか。次の㋐〜㋓からえらびましょう。ただし，ねん土はすべて同じものです。また，ねん土のかたまり[い]については，全体(ぜんたい)の体積の合計について考えます。

（　　）

㋐ ねん土のかたまり[あ]の体積がいちばん大きい。

㋑ ねん土のかたまり[い]の体積がいちばん大きい。

㋒ ねん土のかたまり[う]の体積がいちばん大きい。

㋓ ねん土のかたまりの体積はどれも同じ。

「重さ」と「てんびん」のれきし

「1kg」の重さって，どうやって決めたの？

　ものの重さは，g（グラム）やkg（キログラム）などのたんいをつけて表されます。

　では，1kgの重さがどれくらいかは，どうやって決めたのでしょうか。

　今から220年ほど前，フランス国王だったルイ16世は，世界で通用する重さのきじゅんを定めるよう，命れいを出しました。

　その後，科学者たちは，「4℃の水1Lの重さを1kgとする」というきじゅんをつくりました。それより前から1kgは水1Lの重さとされていましたが，水の重さは温度によってへんかすることがわかっていたため，温度も定めた重さのきじゅんが決められたのです。

　しかし，同じ4℃の水であっても，じつは天気のへんかなどによって，重さがほんの少しへんかしてしまいます。

　そこで，1889年に開かれた国際会議で「国際キログラム原器」をつくり，それを1kgのきじゅんにすることが決まりました。このときつくられた国際キログラム原器は，白金とイリジウムでできており，高さは4cmほどです。げんざいまでフランスの国際度量衡局にほかんされてきましたが，この国際キログラム原器の重さも，ほんの少しだけかわってきていることがわかったのです。そこで新しいきじゅんがつくられ，2019年5月20日からは，光のエネルギーにもとづいて1kgの重さを決めることになりました。この新しいきじゅんづくりには，日本の科学者たちも大きなやくわりをはたしています。

このたんげんでは，ものの重さについて学習しました。ここでは，ものの重さを表すg（グラム）やkg（キログラム）などのたんいと，重さをくらべるてんびんについて調べてみましょう。

てんびんは神さまの道具？

てんびんは，ほんの小さな重さのちがいもはっきりとさせることができるため，むかしからとくべつなものと考えられてきました。

古代エジプトでは，王は死んだ後に神に調べられるといわれていましたが，このときもてんびんが使われるとされていました。

ギリシャ神話にもてんびんは登場します。

せいぎの女神アストライアは，人びとの中にあらそいごとが起こると，その両方をてんびんにのせて，どちらが正しいのかを調べたといいます（悪いほうがてんびんが下がったといわれています）。

今の日本でも，てんびんはせいぎのシンボルになっています。さいばんのときに，本人にかわってせつ明したり，考えをのべたりするべんごしさんのバッジには，てんびんがえがかれています。これは，せいぎや公平を表しているのだそうです。

自由研究のヒント

むかしの人びとは，生活の中でてんびんをどのように使っていたのか，調べてみましょう。また，てんびんを使ったはかりにはどのようなものがあるか，調べてみよう。

47 じしゃくにつくものと つかないもの①

おぼえよう

じしゃくにつくもの

鉄でできているものは, じしゃくにつく。

空きかん
（鉄）

スプーン
（鉄）

さ鉄
（すなの中にある）

クリップ（鉄）

ゼムクリップ
（鉄）

じしゃくにつかないもの

鉄でない金ぞくや, 紙, プラスチックなどは, じしゃくにつかない。

空きかん
（アルミニウム）

10円玉
（銅）

スプーン
（プラスチック）

ノート
（紙）

コップ
（ガラス）

じしゃくの力

じしゃくは, はなれていても, 鉄を引きつける。じしゃくと鉄のきょりがかわると, 鉄を引きつけるじしゃく　じしゃくの力もかわる。

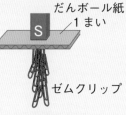

セロハン
テープ
ゼムクリップ
（鉄）
糸

だんボール紙
1 まい
S
ゼムクリップ

だんボール紙
2 まい
S

じしゃくを近づけてはいけないもの

じしゃくを近づけると, 中のじょうほうがこわれてしまう。

うで時計
ノートパソコン
じきカード
（テレホンカードなど）

---

1 次のもののうち, じしゃくにつくものには○を, じしゃくにつかないものには×を書きましょう。

（1つ4点）

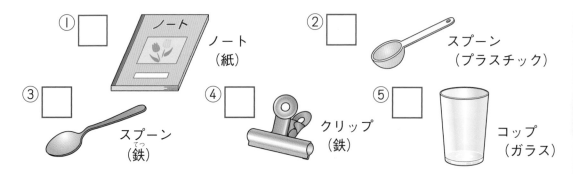

① □ ノート（紙）

② □ スプーン（プラスチック）

③ □ スプーン（鉄）

④ □ クリップ（鉄）

⑤ □ コップ（ガラス）

2 次のもののうち，じしゃくにつくものには○を，じしゃくにつかないものには×を書きましょう。

（1つ5点）

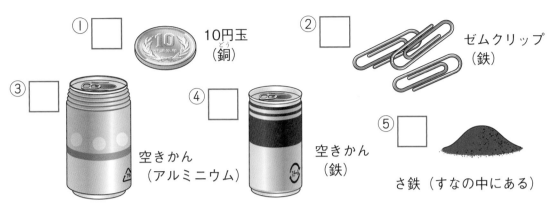

① ☐ 10円玉（銅）

② ☐ ゼムクリップ（鉄）

③ ☐ 空きかん（アルミニウム）

④ ☐ 空きかん（鉄）

⑤ ☐ さ鉄（すなの中にある）

3 次の文は，じしゃくの力について書いたものです。（　）にあてはまることばを，　　からえらんで書きましょう。同じことばを，くり返し使ってもかまいません。（1つ10点）

(1) じしゃくは，（　　　　）でできているものを引きつける。

(2) じしゃくは，（　　　　）でないものは引きつけない。

(3) じしゃくは，はなれていても，鉄を（　　　　　　　　）。

> 引きつける　　引きつけない　　鉄　　ガラス　　紙

4 次のもののうち，じしゃくを近づけてもよいものには○，じしゃくを近づけてはいけないものには×を書きましょう。

（1つ5点）

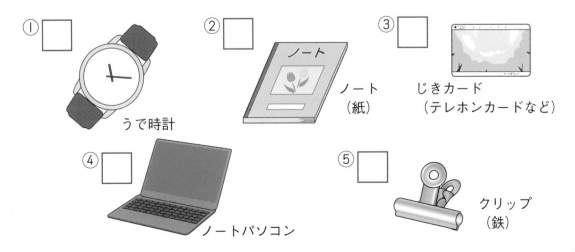

① ☐ うで時計

② ☐ ノート（紙）

③ ☐ じきカード（テレホンカードなど）

④ ☐ ノートパソコン

⑤ ☐ クリップ（鉄）

答え➡別冊解答14ペー

48 じしゃくにつくものとつかないもの②

とく点　　/100点

1 じしゃくの力について，次の問題に答えましょう。

（1つ10点）

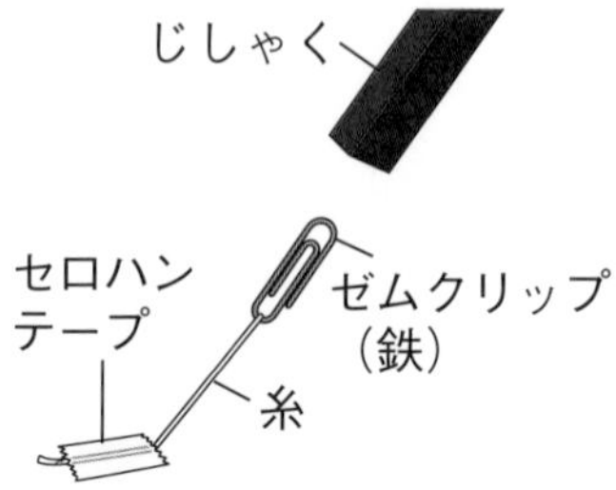

(1) じしゃくをゼムクリップ（鉄）に近づけました。じしゃくとゼムクリップの間にすき間があってもじしゃくはゼムクリップを引きつけますか，引きつけませんか。（　　　　　）

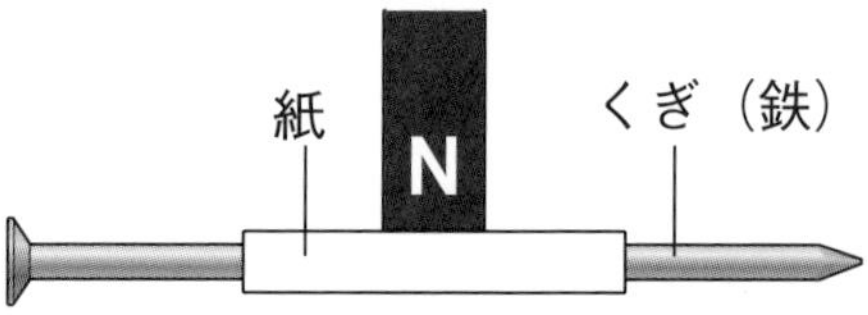

(2) 紙をまいたくぎ（鉄）に，じしゃくを近づけました。紙をまいたままでも，じしゃくはくぎを引きつけますか，引きつけませんか。（　　　　　）

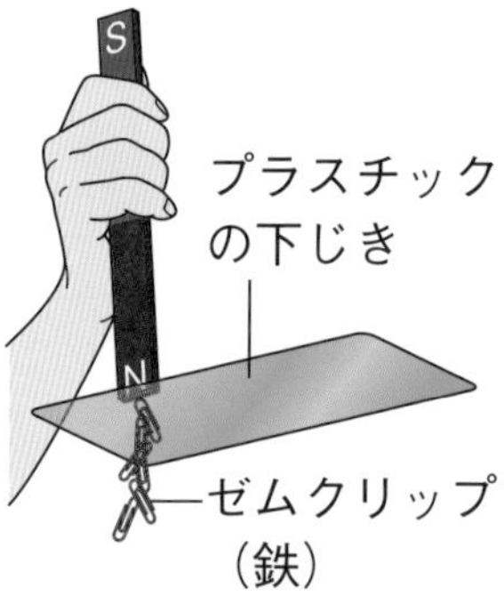

(3) プラスチックの下じきを間にはさんで，じしゃくをゼムクリップ（鉄）に近づけました。下じきをはさんだままでも，じしゃくはゼムクリップを引きつけますか，引きつけませんか。

（　　　　　）

(4) 下の図のように，だんボール紙のまい数をかえてじしゃくにはりつけて，ゼムクリップを引きつけます。いちばん多くゼムクリップを引きつけるものを，次の㋐～㋒からえらびましょう。（　　）

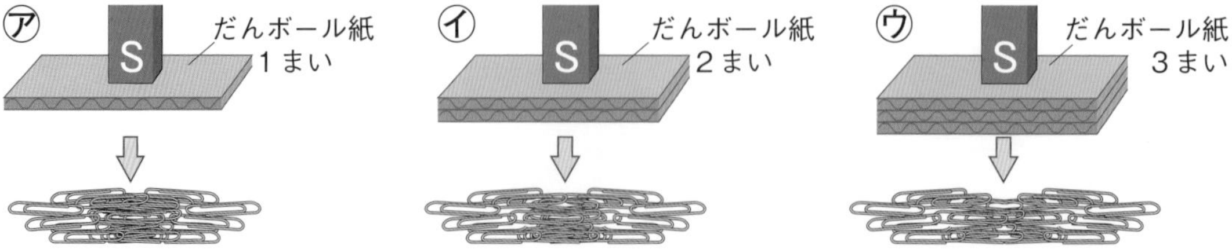

(5) じしゃくのものを引きつける力は，引きつけるものとのきょりによってかわりますか，かわりませんか。（　　　　　）

2 **右の図のように，じしゃくをビニルぶくろに入れてすなの中に入れると，黒いこなのようなものがつきました。これについて，次の問題に答えましょう。**（１つ10点）

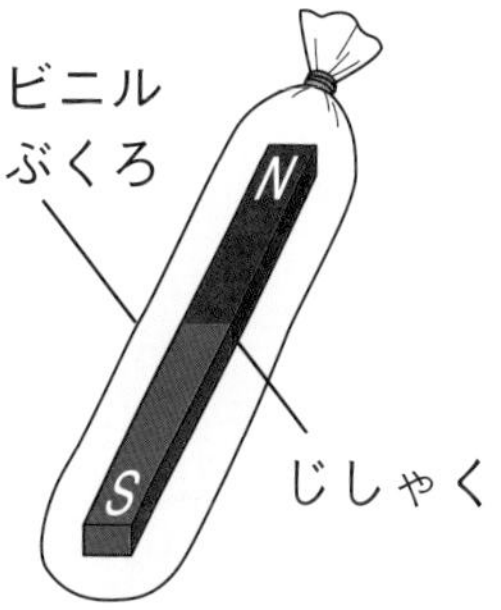

(1) すなの中に入れたときについた黒いこなのようなものは何ですか。（　　　　　　　）

(2) じしゃくについた黒いこなのようなものには，何が多くふくまれていますか。次の㋐～㋒からえらびましょう。（　　）

㋐ 鉄　㋑ 土　㋒ 水

3 **右の図１のような，空きかん①，②と，スプーン③，④を，図２のようにつないだときに，豆電球（まめでんきゅう）の明かりがつくかどうかを調（しら）べました。次に，それぞれがじしゃくにつくかどうかを調べました。表（ひょう）は，そのけっかをまとめたものです。これについて，次の問題に答えましょう。**（１つ10点）

図１

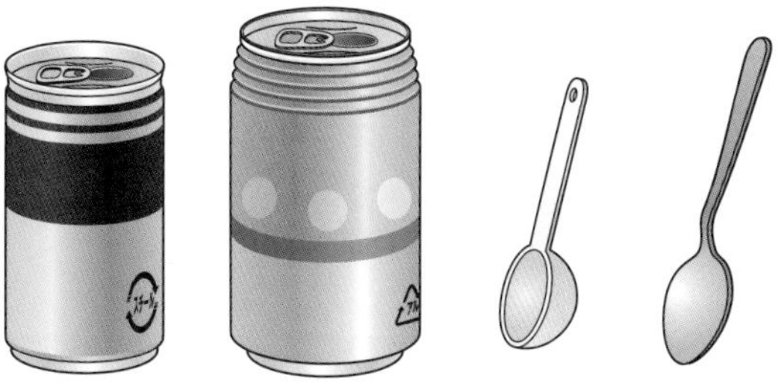

空きかん①　空きかん②　スプーン③　スプーン④

空きかんの表面（ひょうめん）にぬってあるものは，はがした。

図２

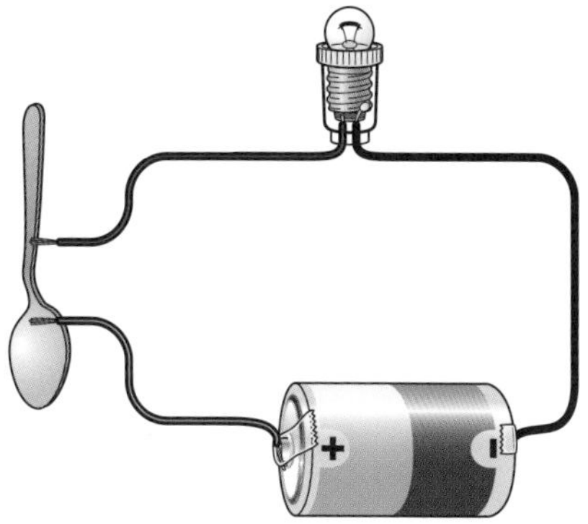

表

	豆電球の明かり	じしゃく
空きかん①	つく。	つく。
空きかん②	つく。	つかない。
スプーン③	つかない。	つかない。
スプーン④	つく。	つかない。

(1) 空きかん①，②は，何でできていますか。次の㋐～㋒からえらびましょう。①（　　）②（　　）

㋐ 鉄　㋑ アルミニウム

㋒ 金ぞくでないもの

(2) スプーン③，④のうち，プラスチックでできているのはどちらですか。

（　　　　　　　）

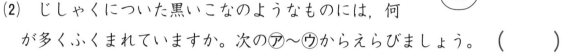

49 じしゃくのせいしつ①

おぼえよう

じしゃくのきょく

●じしゃくの鉄を強く引きつける部分を，きょくという。
●きょくには，Ňきょくと Ŝきょくがある。

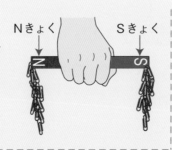

Nきょく　Sきょく

Ňきょくと Ŝきょく

じしゃくは，ちがうきょくどうしは引き合い，同じきょくどうしはしりぞけ合う。

ちがうきょくどうし

引き合う。

| S | N | | S | N |

引き合う。

| N | S | | N | S |

同じきょくどうし

しりぞけ合う。

| S | N | | N | S |

しりぞけ合う。

| N | S | | S | N |

じしゃくのきょくとほうい

じしゃくを自由に動けるようにすると，Ňきょくが北を指し，Ŝきょくが南を指す。

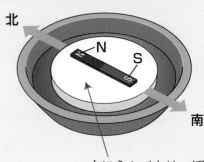

北

N　S

南

水にうかべたはっぽうポリスチレンの板（自由に動く。）

Nきょく

Sきょく

ほういじしん

じしゃくのはりが自由に動けるようになっていて，ほういを調べることができる。

---

1 右の図は，じしゃくにゼムクリップがついているようすを表したものです。□にあてはまるきょくの名前を，　　からえらんで書きましょう。　（1つ5点）

| Ŝきょく | Ňきょく |

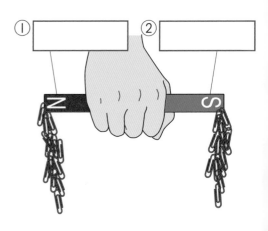

①　　②

N　S

2 次の図は，じしゃくのちがうきょくどうしや，同じきょくどうしを近づけたときのようすを表したものです。□にあてはまることばを，　　　からえらんで書きましょう。同じことばを，くり返し使ってもかまいません。 （1つ5点）

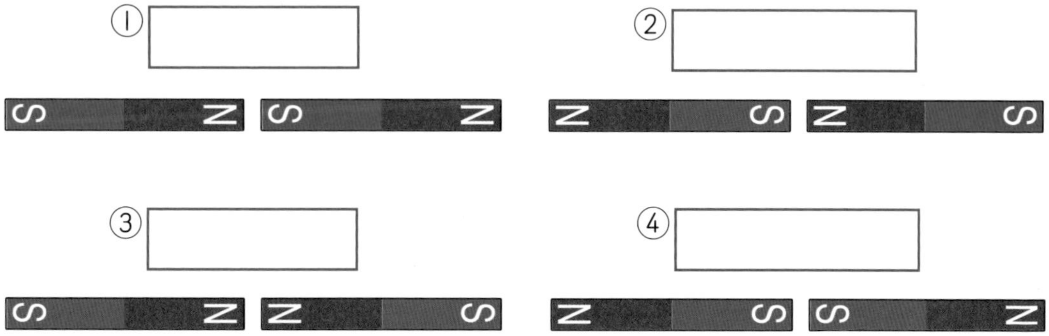

① □
S　N　S　N

② □
N　S　N　S

③ □
S　N　N　S

④ □
N　S　S　N

引き合う　　しりぞけ合う

3 右の図は，水にうかべて自由に動くようにしたはっぽうポリスチレンの板に，じしゃくをのせたようすを表したものです。□にあてはまるほういを，　　　からえらんで書きましょう。（1つ10点）

① □

② □

水にうかべたはっぽうポリスチレンの板（自由に動く。）

N
S

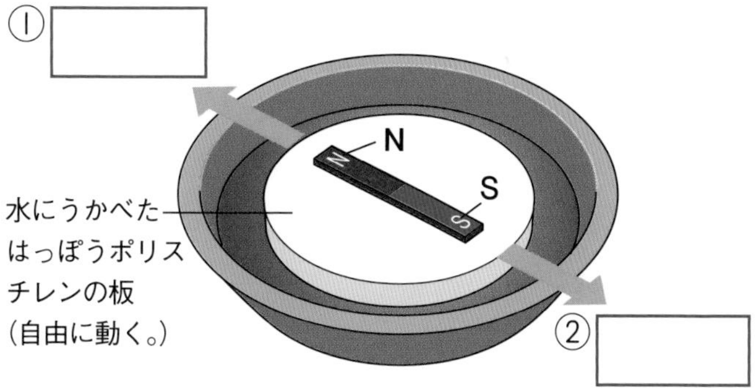

南　　北

4 次の文は，じしゃくのせいしつについて書いたものです。（　）にあてはまることばを，　　　からえらんで書きましょう。 （1つ10点）

(1) じしゃくの，鉄を強く引きつける部分を（　　　　）といい，NきょくとSきょくがある。

(2) じしゃくは，①（　　　　）きょくどうしは引き合い，
②（　　　　）きょくどうしはしりぞけ合う。

(3) じしゃくを自由に動けるようにすると，Nきょくが①（　　　）をさし，Sきょくが②（　　　）をさす。

南　　北　　同じ　　ちがう　　きょく

答え➡別冊解答15ペー

50 じしゃくのせいしつ②

とく点

／100点

1 右の図のように，じしゃくの
ちがうきょくどうしや，同じき
ょくどうしを近づけました。こ
れについて，次の問題に答えま
しょう。　　（1つ10点）

(1) ＮきょくにエスＳきょくを近づ
けると，引き合いますか，し
りぞけ合いますか。

（　　　　　　　　）

(2) ＳきょくにエヌＮきょくを近づけると，引き合いますか，しりぞけ合います
か。　　　　　　　　　　　　　　　（　　　　　　　　）

(3) ＮきょくにＮきょくを近づけると，引き合いますか，しりぞけ合います
か。　　　　　　　　　　　　　　　（　　　　　　　　）

(4) ＳきょくにＳきょくを近づけると，引き合いますか，しりぞけ合います
か。　　　　　　　　　　　　　　　（　　　　　　　　）

2 ほういじしんについて，次の問題に答えま
しょう。　　（1つ10点）

(1) ほういじしんを使うと，何を調べるこ
とができますか。次の㋐〜㋒からえらび
ましょう。　　　　（　　　　）

　㋐　時間　　㋑　温度

　㋒　ほうい

(2) ほういじしんのはりには，じしゃくと
同じようなきょくがありますか，ありませんか。

（　　　　　　　　）

3 **右の図１のようなほういじしんを，つくえの上においておいたところ，ほういじしんのはりは，北と南を指して止まりました。これについて，次の問題に答えましょう。**　（１つ８点）

図1

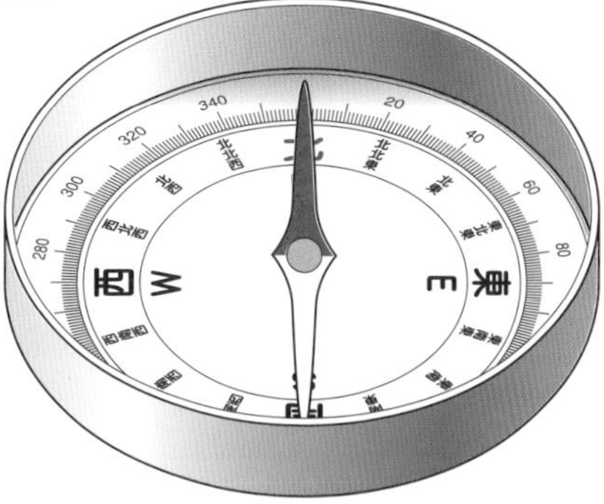

(1)　ほういじしんは，じしゃくのどのようなせいしつを使った道具ですか。次の文の(　)にあてはまることばを書きましょう。

［　じしゃくを自由に動けるようにしておくと，Nきょくが①(　　　　　)を，Sきょくが②(　　　　　)を指す。　］

(2)　図２のように，ほういじしんの北を指しているはりに，横からじしゃくのNきょくを近づけると，ほういじしんの北を指しているはりはどうなりますか。次の㋐～㋒からえらびましょう。

図2

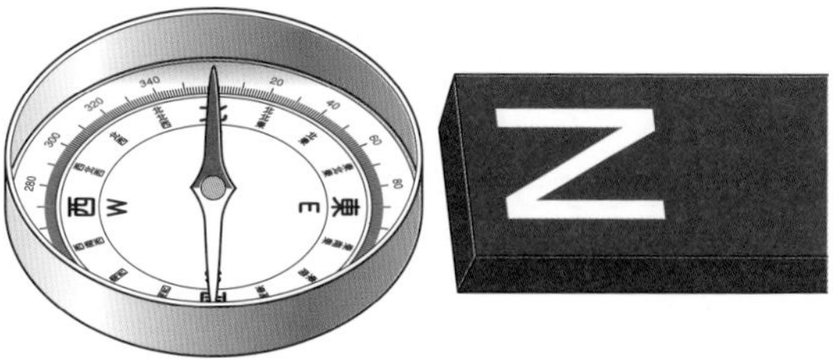

(　　　　)

㋐　じしゃくに引かれるように動く。

㋑　じしゃくから，遠ざかるように動く。

㋒　動かない。

(3)　図２でNきょくのかわりにSきょくを近づけると，ほういじしんの北を指しているはりはどうなりますか。次の㋐～㋒からえらびましょう。

(　　　　)

㋐　じしゃくに引かれるように動く。

㋑　じしゃくから，遠ざかるように動く。

㋒　動かない。

(4)　ほういじしんの近くにじしゃくをおいておくと，正しいほういを知ることができますか，できませんか。　(　　　　　　　)

51 じしゃくについた鉄①

おぼえよう

じしゃくについた鉄

じしゃくについた鉄は，じしゃくからはなしても，じしゃくになっていることがある。

じしゃくで，同じ向きにこすっても鉄は，じしゃくになる。

たしかめ方

① ほかの鉄やさ鉄を引きつける。

じしゃくについていたくぎ

鉄を引きつける力がある。

② ほういじしんに近づけると，近づけるくぎの向きによって，ほういじしんのはりのふれ方がかわる。

Ｎきょくと
Ｓきょくがある。

③ 水にうかべると，南北を指して止まる。

Ｎきょくと
Ｓきょくがある。

---

1 右の図は，じしゃくについた鉄や，鉄をじしゃくでこすっているようすを表したものです。次の文の（　）にあてはまることばを，　　　からえらんで書きましょう。　　（1つ10点）

(1) じしゃくについた鉄は，じしゃくからはなしても，（　　　　　　）になっていることがある。

(2) じしゃくで（　　　　　　）にこすっても，鉄はじしゃくになる。

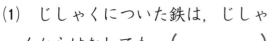

同じ向き　　じしゃく

2 　図1～図3のようにして，鉄のくぎがじしゃくになっているかどうかをたしかめ
ました。これについて，次の問題に答えましょう。答えは，　　　　からえらんで書
きましょう。
(1つ20点)

(1)　くぎがじしゃくになっていると，
　　くぎは何を引きつけますか。

図1

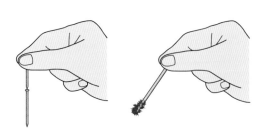

　　　　　（　　　　　　　　　）

(2)　くぎがじしゃくになっていると，
　　ほういじしんに近づけたとき，近づ
　　けるくぎの向きによって，ほういじ
　　しんのはりはどうなりますか。

図2

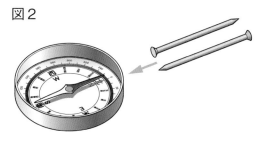

　　　　　（　　　　　　　　　）

(3)　くぎがじしゃくになっていると，
　　水にうかべたとき，東西，南北のど
　　ちらを指して止まりますか。

図3

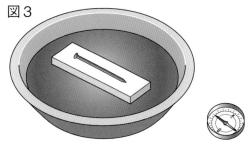

　　　　　（　　　　　　　　　）

> ほかの鉄やさ鉄　　　ガラス　　　ふれ方がかわる。　　　動かない。
> 東西　　　南北

3 　じしゃくについた鉄や，じしゃくでこすった鉄について，次の問題に答えましょ
う。
(1つ10点)

(1)　じしゃくについた鉄は，じしゃくからはなしてもじしゃくになっている
　　ことがありますか，ありませんか。　　　　　（　　　　　　　　　）

(2)　鉄をじしゃくで同じ向きにこすると，鉄はじしゃくになりますか，なり
　　ませんか。　　　　　　　　　　　　　　　　（　　　　　　　　　）

答え➡別冊解答15ペー

52 じしゃくについた鉄②

とく点　/100点

1 **鉄のくぎがじしゃくになっているかどうかを，いろいろなやり方でたしかめました。これについて，次の問題に答えましょう。**（１つ10点）

(1)　図１のように，ほかの鉄やさ鉄に近づけるとくっつきました。このことから，どのようなことがたしかめられますか。次の㋐，㋑からえらびましょう。（　　　）

図１

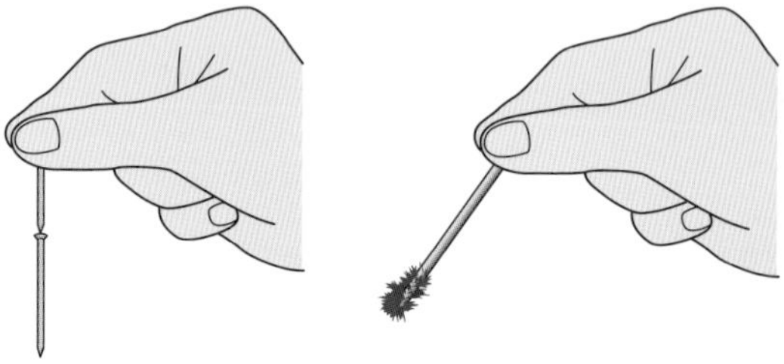

㋐　じしゃくの鉄を引きつける力があるかどうか。

㋑　NきょくとSきょくがあるかどうか。

(2)　図２のように，ほういじしんに近づけると，近づけるくぎの向きによって，ほういじしんのはりのふれ方がかわりました。このことから，どのようなことがたしかめられますか。次の㋐，㋑からえらびましょう。

（　　　）

図２

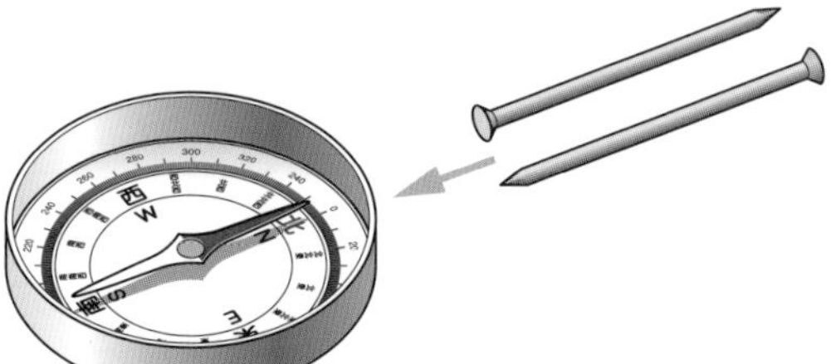

㋐　じしゃくの鉄を引きつける力があるかどうか。

㋑　NきょくとSきょくがあるかどうか。

(3)　図３のように，水にうかべると，南北を指して止まりました。このことから，どのようなことがたしかめられますか。次の㋐，㋑からえらびましょう。（　　　）

図3

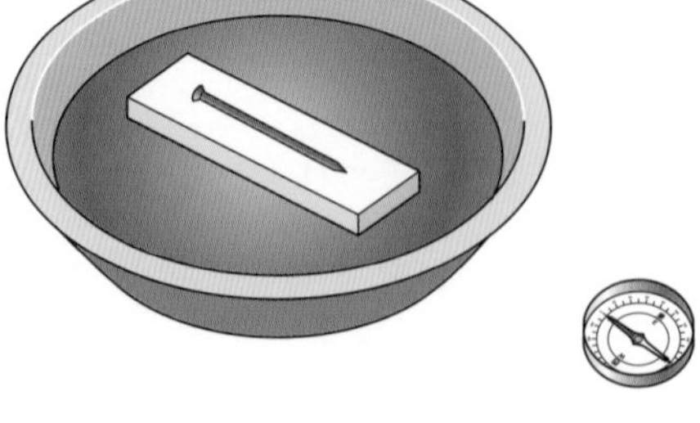

㋐　じしゃくの鉄を引きつける力があるかどうか。

㋑　NきょくとSきょくがあるかどうか。

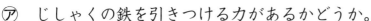

2 図1のように，鉄のくぎをじしゃくでこすりました。これについて，次の問題に答えましょう。（1つ10点）

図1

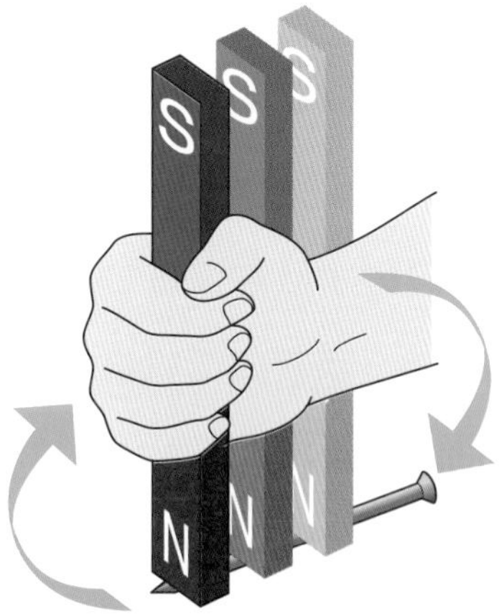

(1) 鉄のくぎをじしゃくにするためには，どのようにこすりますか。次の㋐，㋑からえらびましょう。（　　）

㋐ 同じ向きにこする。

㋑ 向きをかえながらこする。

図2

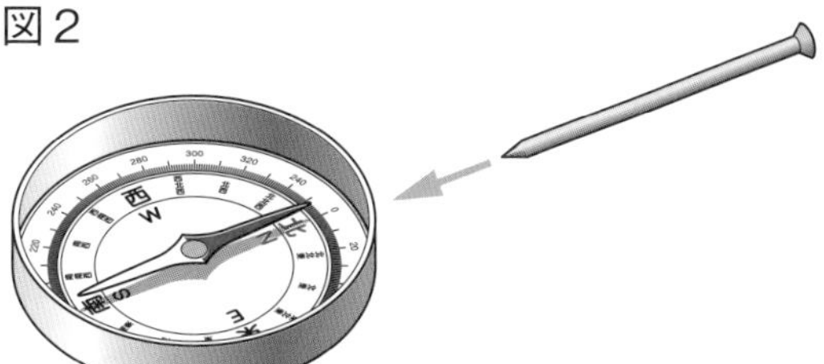

(2) 図2のように，じしゃくでこすってじしゃくにしたくぎのとがっているほうをほういじしんに近づけると，ほういじしんの北を指していたはりが引きつけられました。このとき，近づけたくぎのとがっているほうは，じしゃくのNきょくになっていますか，Sきょくになっていますか。（　　　　　）

(3) 次に，このくぎのとがっていないほうをほういじしんに近づけると，どうなりますか。次の㋐〜㋒からえらびましょう。（　　）

㋐ ほういじしんの北を指していたはりが引きつけられる。

㋑ ほういじしんの南を指していたはりが引きつけられる。

㋒ ほういじしんのはりは動（うご）かない。

3 じしゃくについていた鉄のくぎを，じしゃくからはなしてほかのくぎにつけると，右の図のようになりました。これについて，次の問題に答えましょう。（1つ20点）

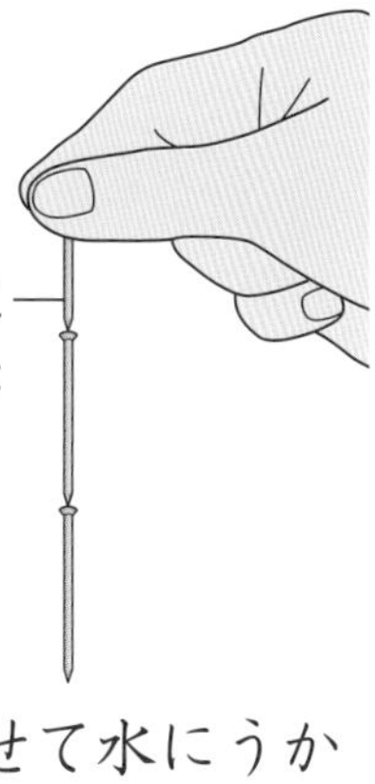

(1) じしゃくについていたくぎにほかのくぎがついたことから，このくぎがどうなったことがわかりますか。（　　　　　）

(2) じしゃくについていたくぎを，はっぽうポリスチレンにのせて水にうかべると，どうなりますか。（　　　　　）

53 たんげんのまとめ

1 右の図のような，３つの空き
かんがあります。これについて，
次の問題に答えましょう。

（1つ10点）

①鉄でできた
空きかん

②アルミニウム
でできた空き
かん

③何でできてい
るのかわから
ない空きかん

(1)　①，②の空きかんにじし
ゃくを近づけると，どうな
りますか。次の㋐～㋓から
えらびましょう。（　　　）

㋐　①の空きかんも，②の空きかんもじしゃくにつく。

㋑　①の空きかんはじしゃくにつくが，②の空きかんはつかない。

㋒　①の空きかんはじしゃくにつかないが，②の空きかんはつく。

㋓　①の空きかんも，②の空きかんもじしゃくにつかない。

(2)　①，②の空きかんの表面にぬってあるものをとってから，電気が流れる
かどうかを調べると，どうなりますか。次の㋐～㋓からえらびましょう。

㋐　①の空きかんも，②の空きかんも，電気が流れる。　　　（　　　）

㋑　①の空きかんは電気が流れるが，②の空きかんは電気は流れない。

㋒　①の空きかんは電気は流れないが，②の空きかんは電気が流れる。

㋓　①の空きかんも，②の空きかんも，電気は流れない。

(3)　(1)，(2)のことから，どのようなことがわかりますか。次の㋐～㋓からえ
らびましょう。　　　　　　　　　　　　　　　　　　　　　（　　　）

㋐　じしゃくにつくものでも，電気が流れるものと流れないものがある。

㋑　じしゃくにつくものには，電気は流れない。

㋒　電気が流れるものでも，じしゃくにつくものとつかないものがある。

㋓　電気が流れるものは，じしゃくにはつかない。

(4)　③の空きかんにじしゃくを近づけると，空きかんはじしゃくにつきまし
た。この空きかんは何でできていますか。　　　（　　　　　）

2 右の図のように，じしゃく
をならべました。これについ
て，次の問題に答えましょう。

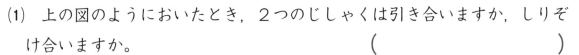

（1つ15点）

(1) 上の図のようにおいたとき，2つのじしゃくは引き合いますか，しりぞ
け合いますか。 （　　　　　）

(2) 2つのじしゃくの間に，
右の図のように紙を立てる
と，じしゃくが引き合った
り，しりぞけ合ったりする

力はどうなりますか。次の㋐～㋑からえらびましょう。 （　　）

㋐ 引き合う力だけ，はたらかなくなる。

㋑ しりぞけ合う力だけ，はたらかなくなる。

㋒ どちらの力も，はたらかなくなる。

㋑ どちらの力も，はたらく。

3 右の図のように，じしゃくについていたくぎ
を水にうかべました。これについて，次の問題
に答えましょう。 （1つ15点）

(1) くぎは，とがっているほうが北を指して
止まりました。とがっているほうは，Ｎき
ょくとＳきょくのどちらになっていますか。

（　　　　　）

(2) このくぎに，横からじしゃくのＮきょくを近づけると，どうなりますか。
次の㋐～㋑からえらびましょう。 （　　）

㋐ くぎのとがっているほうが，じしゃくに引きつけられる。

㋑ くぎのとがっていないほうが，じしゃくに引きつけられる。

㋒ くぎのまん中が，じしゃくに引きつけられる。

㋑ くぎは動かない。

地球は大きなじしゃく

ほういじしんがいつでも北と南を指すわけは？

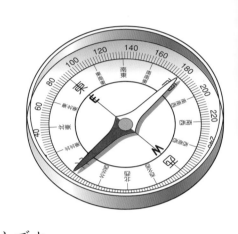

じしゃくのNきょくが北を, Sきょくが南を指して止まるせいしつをりようしたものが, ほういじしんです。ほういじしんのはりは, じしゃくでできていて, いつでも北と南を指します。

では, なぜほういじしんのはりは, いつでも北と南を指すのでしょうか。それは, 地球が1つの大きなじしゃくになっているからです。

地球は, 右のページの図のように, 北きょくの近くにじしゃくのSきょく, 南きょくの近くにじしゃくのNきょくがあります。そのため, ほういじしんのNきょくは, 北きょくの近くのSきょくと引き合い, 北を指して止まるのです。

地球の中には, どろどろにとけた金ぞくがあって, それがぐるぐる流れているため, 大きなじしゃくになっていると考えられています。

地球のSきょくとNきょくはどこ？

地球のNきょくとSきょくは, 北きょくや南きょくとは少しずれています。地球のSきょくを「北じきょく」, Nきょくを「南じきょく」といいます。

地球が大きなじしゃくだったなんて, おどろきだね。

このたんげんでは，じしゃくにつくものとつか
ないもの，じしゃくのせいしつ，じしゃくについ
た鉄について学習しました。ここでは，じしゃく
が南北を指すわけについて調べてみましょう。

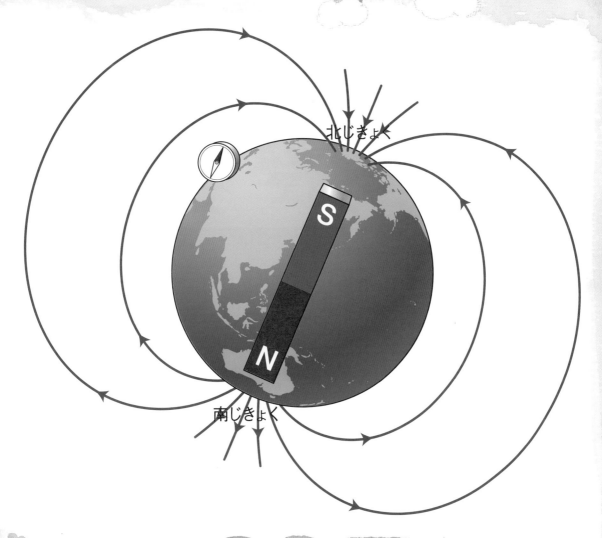

北じきょく

南じきょく

自由研究のヒント

　鉄のくぎをじしゃくにして，いろいろな
ほういじしんをつくってみましょう。また，
なぜNきょく，Sきょくという名前がつけ
られたかも調べてみよう。

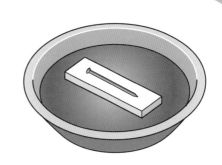

答え➡別冊解答16ペー

54 3年生のまとめ①

とく点

/100点

1 下の図は，ホウセンカのたねをまいてから，かれるまでのようすを表したものです。これについて，次の問題に答えましょう。（1つ10点）

(1) ホウセンカのように小さなたねは，どのようにまきますか。次の㋐～㋓からえらびましょう。（　　）

㋐ 指で土にあなをあけてたねを入れ，土をかける。

㋑ 指で土にあなをあけてたねを入れ，そのままにしておく。

㋒ あなをあけずにたねをまき，うすく土をかける。

㋓ あなをあけずにたねをまき，そのままにしておく。

(2) ホウセンカのめが出て，はじめにひらくのは何ですか。次の㋐～㋓からえらびましょう。（　　）

㋐ 葉　　㋑ 花

㋒ 子葉　　㋓ つぼみ

(3) 花は，さいた後，何になりますか。（　　）

(4) ホウセンカはかれた後，どうなりますか。次の㋐～㋓からえらびましょう。（　　）

㋐ すべてかれてしまうので，何ものこらない。

㋑ 葉やくきはかれてしまうが，実はかれずにのこっている。

㋒ 葉やくきはかれてしまうが，花はかれずにのこっている。

㋓ 葉やくきや実はかれてしまうが，たねはかれずにのこっている。

② モンシロチョウとシオカラトンボのからだのつくりについて，次の問題に答えましょう。

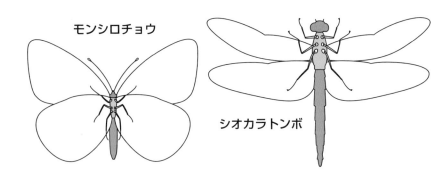

モンシロチョウ

シオカラトンボ

（1つ9点）

(1) モンシロチョウやシオカラトンボのからだは，いくつの部分でできていますか。　　　　　　　　　　　　（　　　　　　　）

(2) モンシロチョウやシオカラトンボのあしは，からだのどの部分についていますか。　　　　　　　　　　　　（　　　　　　　）

(3) モンシロチョウやシオカラトンボのはねは，からだのどの部分についていますか。　　　　　　　　　　　　（　　　　　　　）

(4) こん虫のあしの数は何本ですか。次の⑦〜①からえらびましょう。
　　　　　　　　　　　　　　　　　　　　　　（　　　　　）

　⑦　4本のものと6本のものがいる。

　①　6本のものと8本のものがいる。

　⑦　どのこん虫も4本である。

　①　どのこん虫も6本である。

③ 温度計を使って，日なたと日かげの地面の温度をはかると，下の図のようになりました。これについて，次の問題に答えましょう。

（1つ8点）

(1) それぞれの温度計は，何℃をしめしていますか。

　⑦（　　　　　　　）　①（　　　　　　　）

(2) 日なたの地面の温度をはかったのは，図の⑦，①のどちらですか。　　　　　　（　　　　　）

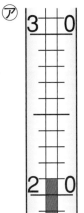

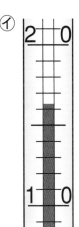

とく点

/100点

55 3年生のまとめ②

1

下の図のように，豆電球やかん電池などをつないだとき，豆電球に明かりはつきますか，つきませんか。□に明かりがつくものには○を，明かりがつかないものには×を書きましょう。　（１つ７点）

①
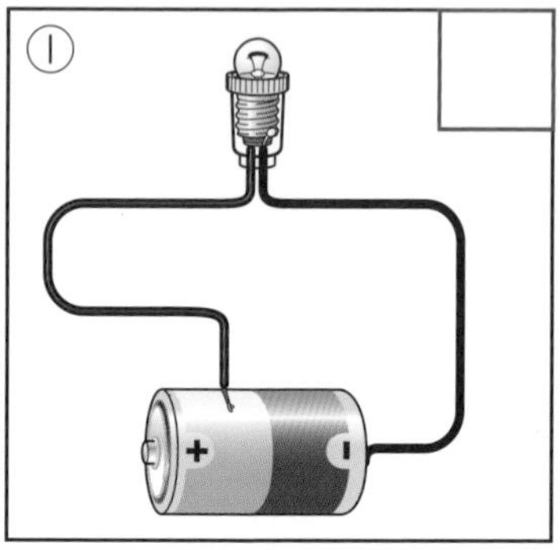

②
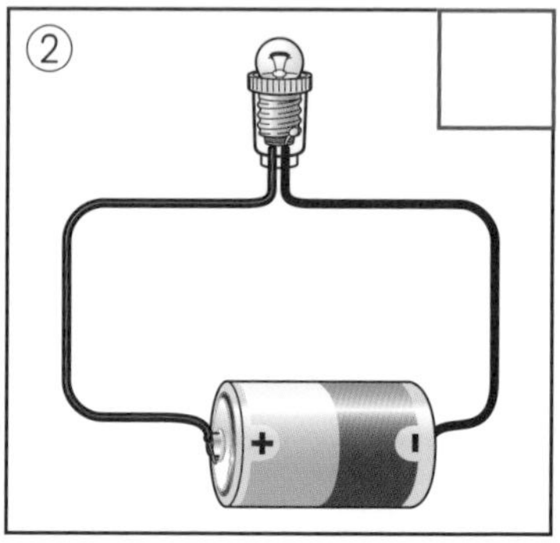

③
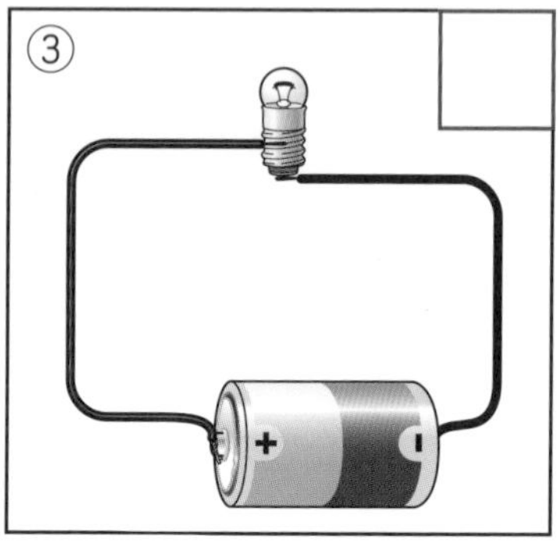

④
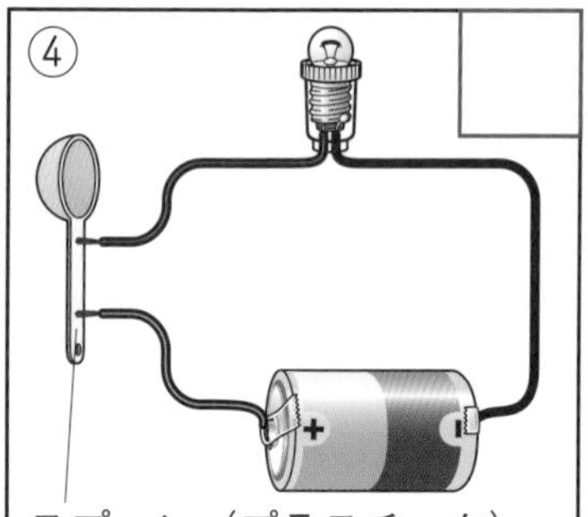
スプーン（プラスチック）

⑤
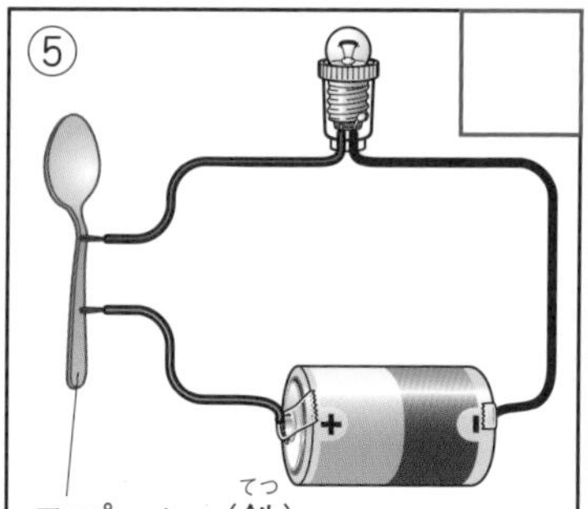
スプーン（鉄）

⑥
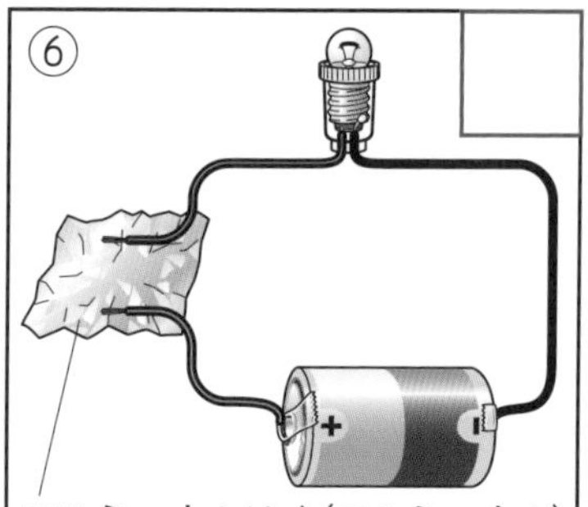
アルミニウムはく（アルミニウム）

2

下の図のように，２つのじしゃくを近づけました。２つのじしゃくが引き合うものを，次の㋐～㋓からすべてえらびましょう。　（全部できて10点）

（　　　　　）

㋐
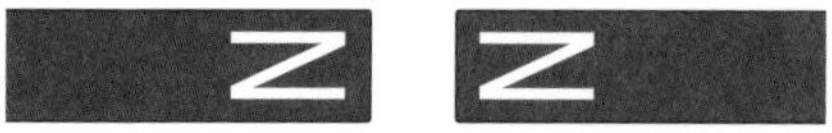

㋑
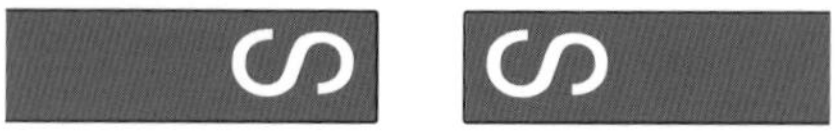

㋒
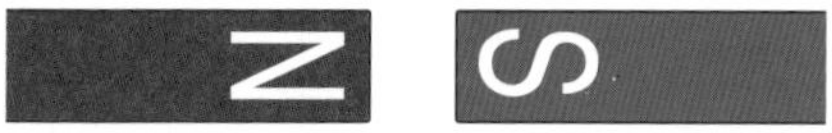

㋓
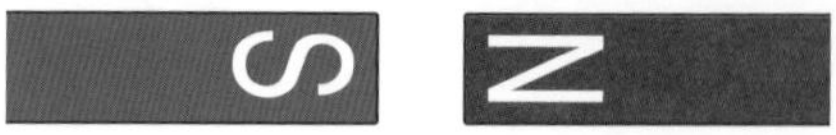

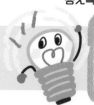

3 **日光が当たらずにかげになっているかべに，かがみを使って光を当てました。これについて，次の問題に答えましょう。** （1つ8点）

(1) かがみではね返した日光は，どのように進みますか。次の㋐～㋒からえらびましょう。 （　　）

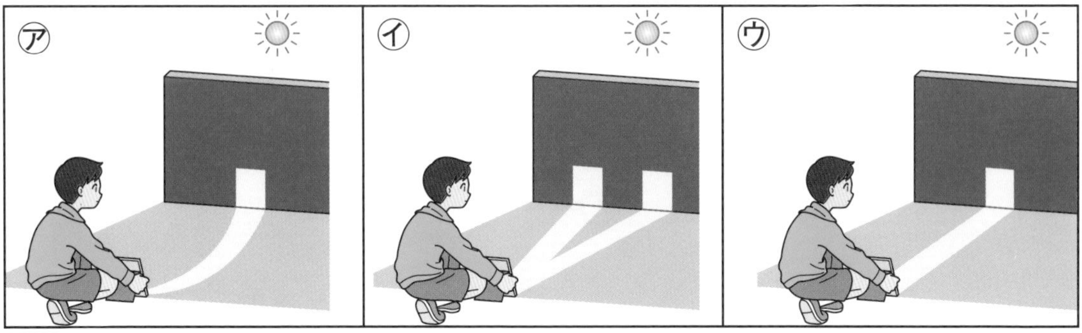

(2) かがみをもう1まい使い，2まいのかがみで光を1つのところに集めました。光が集まっているところの明るさと温度は，1まいのかがみではね返した光が当たっているところとくらべて，どうなりますか。

明るさ（　　　　　　　　）

温度（　　　　　　　　）

(3) 光が集まっているところにもう1まいのかがみをおくと，光はもういちどはね返りますか，はね返りませんか。 （　　　　　　　　）

4 **右の図のように，じしゃくで同じ向きにこすった鉄のくぎを水にうかべました。これについて，次の問題に答えましょう。** （1つ8点）

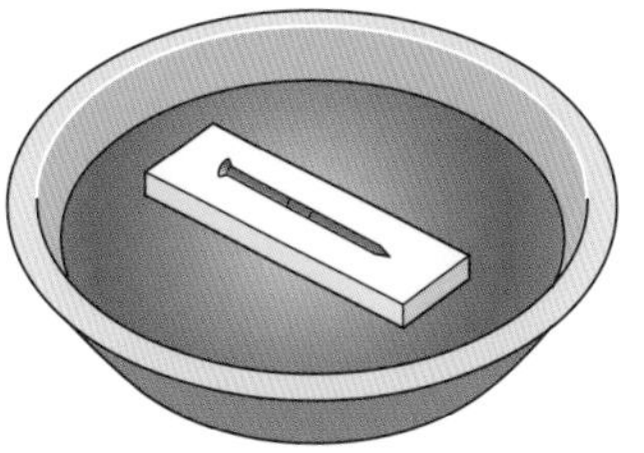

(1) 水にうかべたくぎはどうなりますか。次の㋐～㋒からえらびましょう。 （　　）

㋐ 東西を指して止まる。

㋑ 南北を指して止まる。

㋒ くるくる回りつづける。

(2) 水にうかべたくぎに，紙でつつんだじしゃくを近づけると，くぎは動きますか，動きませんか。 （　　　　　　　　）

56 3年生のまとめ③

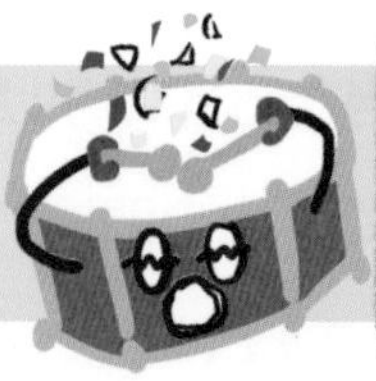

とく点

/100点

1 **下の図のように，風の力とゴムの力で車を走らせます。次の問題に答えましょう。**
（1つ10点）

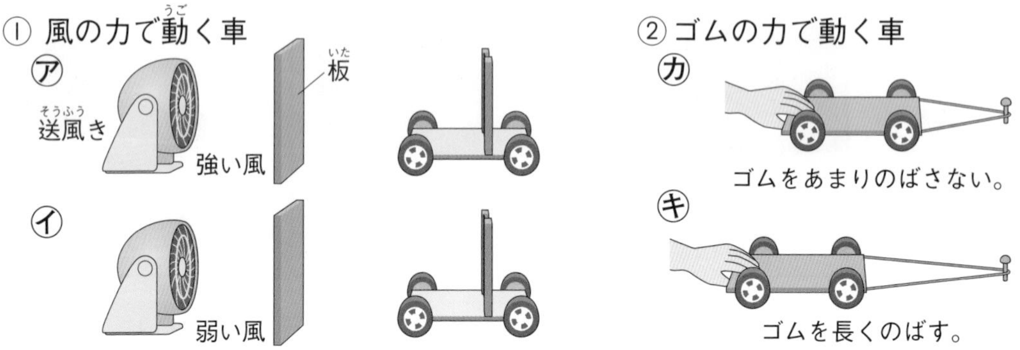
① 風の力で動く車
㋐
送風き
板
強い風
㋑
弱い風
② ゴムの力で動く車
㋕
ゴムをあまりのばさない。
㋖
ゴムを長くのばす。

(1) ①で板をはずしたとき，動くきょりが短いのは，㋐，㋑のどちらですか。
（　　）

(2) (1)の車の動くきょりを長くするには，風の強さを強くしますか，弱くしますか。
（　　）

(3) ②で，動くきょりが長いのは，㋕，㋖のどちらですか。（　　）

(4) ②で，車が動くのは，ゴムをのばして手をはなしたとき，ゴムにどんな力がはたらくからですか。□からえらんで書きましょう。
（　　）

もとにもどろうとする力　　もっとのびようとする力

2 **たいこの上に小さく切った紙をのせて，たいこを強くたたいたり弱くたたいたりして，紙の動くようすをくらべました。次の問題に答えましょう。**（1つ5点）

(1) たいこを強くたたいたときの紙の動きは，弱くたたいたときとくらべて大きいですか，小さいですか。（　　）

(2) たいこをたたいた後しばらくすると，たいこの上の紙が動かなくなりました。このとき，たいこの音はしていますか，していませんか。
（　　）

糸電話で話をします。次の問題に答えましょう。

（1つ10点）

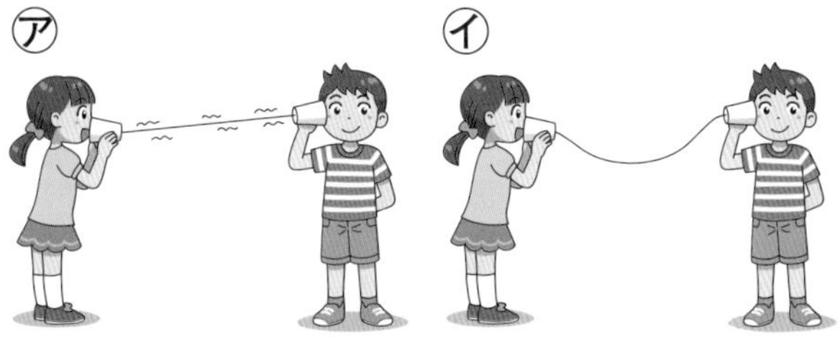

(1) 声がつたわらないのは，㋐，㋑のどちらですか。

（　　）

(2) (1)で答えたもので声がつたわらないのは，どうしてですか。次の文の（　）にあてはまることばを，□からえらんで書きましょう。

〔 糸が①（　　　　　　）いて，糸が②（　　　　　　）から。〕

ぴんとはって　　たるんで　　ふるえている　　ふるえていない

下の図のように，いろいろなものの重さを調べました。次の問題に答えましょう。

（1つ10点）

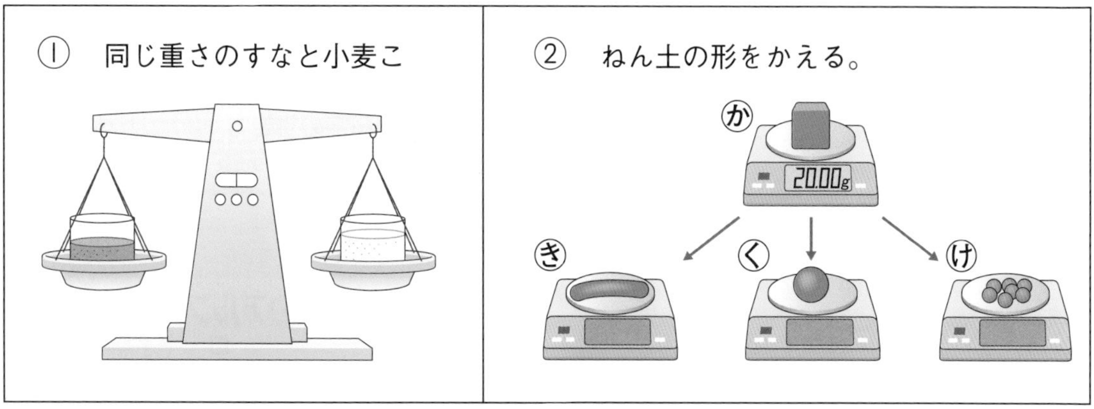

(1) ①で，すなと小麦こを同じ体積にしたとき，重くなるのはどちらですか。

（　　　　）

(2) ②で，[き]，[く]，[け]の重さはどうなりますか。次の㋐～㋓からえらびましょう。

（　　）

㋐ [き]は[か]と同じ重さだが，[く]，[け]は軽くなる。

㋑ [き]，[く]は[か]と同じ重さだが，[け]は軽くなる。

㋒ [き]，[く]，[け]はすべて[か]より軽くなる。

㋓ [き]，[く]，[け]はすべて[か]と同じ重さになる。

基礎力をつけるには くもんの小学ドリル が 強いみかた!!

スモールステップで、らくらく力がついていく!!

算数

計算シリーズ(全13巻)
① 1年生たしざん
② 1年生ひきざん
③ 2年生たし算
④ 2年生ひき算
⑤ 2年生かけ算（九九）
⑥ 3年生たし算・ひき算
⑦ 3年生かけ算
⑧ 3年生わり算
⑨ 4年生わり算
⑩ 4年生分数・小数
⑪ 5年生分数
⑫ 5年生小数
⑬ 6年生分数

数・量・図形シリーズ(学年別全6巻)

文章題シリーズ(学年別全6巻)

プログラミング
① 1・2年生　② 3・4年生　③ 5・6年生

学力チェックテスト
算数(学年別全6巻)
国語(学年別全6巻)
英語(5年生・6年生 全2巻)

国語

1年生ひらがな
1年生カタカナ
漢字シリーズ(学年別全6巻)
言葉と文のきまりシリーズ(学年別全6巻)
文章の読解シリーズ(学年別全6巻)
書き方(書写)シリーズ(全4巻)
① 1年生ひらがな・カタカナのかきかた
② 1年生かん字のかきかた
③ 2年生かん字の書き方
④ 3年生漢字の書き方

英語

3・4年生はじめてのアルファベット
ローマ字学習つき
3・4年生はじめてのあいさつと会話
5年生英語の文
6年生英語の文

くもんの理科集中学習　小学3年生 理科にぐーんと強くなる

2020年 2月　第1版第1刷発行
2024年 9月　第1版第11刷発行

● 発行人　泉田義則
● 発行所　株式会社くもん出版
　〒141-8488 東京都品川区東五反田2-10-2
　　東五反田スクエア11F
　電話 編集 03(6836)0317
　　　営業 03(6836)0305
　　　代表 03(6836)0301

● 印刷・製本　共同印刷株式会社
● カバーデザイン　辻中浩一+小池万友美(ウフ)
● カバーイラスト　亀山鶴子

● 本文イラスト　楠美マユラ，藤立育弘
● 本文デザイン　ワイワイデザイン・ア
● 編集協力　株式会社カルチャー・

© 2020 KUMON PUBLISHING CO.,Ltd Printed in Japan
ISBN 978-4-7743-2889-8
落丁・乱丁はおとりかえいたします。
本書を無断で複写・複製・転載・翻訳することは、法律で認められた場合を除き禁じられていま
購入者以外の第三者による本書のいかなる電子複製も一切認められていませんのでご注意くださ
CD 57213
くもん出版ホームページアドレス　https://www.kumonshuppan.com/

※本書は『理科集中学習 小学3年生』を改題し，新しい内容を加えて編集しました。

理科に ぐーんと 強くなる 別冊解答 【小学3年生】

★答え合わせは, 1つずつていねいにおこないましょう。
★「ポイント」は, 問題をとくときの考え方や注意点などです。
★まちがえた問題の「ポイント」は, とくによく読んで, もう一度問題をといてみましょう。

1 身のまわりの生き物① P4·5

1 ①目 ②見るもの

2 ①色 ②大きさ（①②のじゅんじょはちがってもよい。）

3 (1)①テーマ ②月と日
　③気づいたこと
(2)①ちがっています。
　②ちがっています。
　③ちがっています。

ポイント

1 手で持てるものをかんさつするときは, 虫めがねは目に近づけてもち, かんさつするものを動かして, はっきり見えるところで止めます。

2 身のまわりの生き物② P6·7

1 (1)かんさつするもの
(2)①× ②○ ③× (3)ウ

2 (1)①タンポポ ②チューリップ
　③タンポポ ④チューリップ
(2)ア

ポイント

1 (2) 虫めがねでは, ぜったいに太陽を見てはいけません。

2 (2) 生き物をかんさつするときには, どんなところをかんさつするかを決めてからすると, 生き物どうしをくらべやすくなります。

3 たねまきと植物のめばえ① P8·9

1 ①子葉 ②子葉 ③葉

2 (1)たがやして
(2)①水 ②かわかない

3 ①葉 ②子葉 ③葉 ④子葉

4 ①子葉 ②葉

ポイント

2 (2) たねをまいたら, たっぷり水をやります。その後は, 土がかわかないように水をやります。

1

❹　葉は，子葉がひらいた後に出てきます。

4 たねまきと植物のめばえ② P10･11

❶(1)㋐　(2)㋑　(3)ひりょう

❷①オクラ　②ヒマワリ

③ヒャクニチソウ　④マリーゴールド

❸(1)子葉　(2)葉

(3)あります。　(4)㋑→㋒→㋐

❹(1)㋑

(2)たね…[う]

めが出てしばらくたったころ…[お]

ポイント

❷　子葉や葉の形や大きさは，植物によってちがいます。

❹(2)　[あ]はマリーゴールドのたね，[い]はオクラのたねです。また，[え]はオクラ，[か]はマリーゴールドのめが出てしばらくたったころのようすです。

5 植物のからだのつくり① P12･13

❶①葉　②くき　③根　④葉　⑤くき

⑥根　⑦葉　⑧くき　⑨根

❷①3　②4　③1　④2

❸①くき　②くき　③根　④同じ

⑤高さ

ポイント

❷　小さなはちで育てていた植物を植えかえるときは，はちの土ごと植えかえます。

6 植物のからだのつくり② P14･15

❶(1)①葉　②くき　③根

(2)くき　(3)根

❷(1)①㋑，㋓　②㋐，㋔　③㋒，㋕

（それぞれじゅんじょはちがってもよい。）

(2)同じです。

❸(1)葉，くき，根（じゅんじょはちがってもよい。）

(2)①根　②くき　(3)㋒

❹(1)葉，くき，根（じゅんじょはちがってもよい。）

(2)根　(3)くき

ポイント

❶　葉はくきについています。また，根もくきの下から出ています。

❷　ホウセンカもオクラもヒマワリも，植物のからだは，葉・くき・根からできています。

❸　植物の高さ（草たけ）をはかるときは，地面から，いちばん上の葉のつけ根までをはかります。

7 花がさいてからかれるまで① P16･17

❶①つぼみ　②花　③実　④たね

❷①花　②実　③花　④実

❸①たね　②葉　③花　④実　⑤たね

ポイント

❶　ホウセンカが育つと，やがてつぼみができ，花がさきます。花の後には実ができ，中にはたねができます。

❷　オクラの実は，上を向いています。

❸　ホウセンカなどの植物は，ひとつぶのたねからめが出て育っていきます。葉がしげり，花がさいた後には実ができます。ホウセンカはやがてかれてしまいますが，後にはたくさんのたねが

のこり，次の年にはそのたねからまた
ホウセンカが育ちます。

8 花がさいてからかれるまで② P18·19

1 (1)(ア→)ウ→オ→エ→イ

(2)(ア→)イ→エ→オ→ウ

(3)ア→イ→ウ→オ→エ

2 (1)①ア ②エ ③ウ ④イ

(2)かれます。

(3)①× ②○ ③× ④○

ポイント

1 ホウセンカもオクラもヒマワリも，
花がさいた後に実ができます。

(1) イ…かれたホウセンカ，ウ…めが
出てしばらくして葉がしげってきた
ホウセンカ，エ…花がさいた後に実
ができたホウセンカ，オ…花がさい
ているホウセンカ。

(2) イ…めが出てしばらくしたころの
オクラ，ウ…かれて実（たね）がの
こっているオクラ，エ…花がさいて
いるオクラ，オ…花がさいた後に実
ができているオクラ。

(3) イ…めが出てしばらくしたころの
ヒマワリ，ウ…葉がしげってきたヒ
マワリ，エ…花がさいた後に実がで
きたヒマワリ，オ…花がさいている
ヒマワリ。

2 (1) 植物は，はじめは小さなたねで
も，育つにつれて大きくなり，葉が
しげってきます。花がさいた後には
たくさんのたねがのこります。

9 たんげんのまとめ P20·21

1 (1)①イ ②エ (2)①子葉 ②イ

2 (1)①葉 ②くき ③根 (2)ウ

3 (1)①イ (2)①イ

ポイント

2 (1) オクラのからだも，葉・くき・根
からできています。

(2) 植物の高さのことを草たけといい
ます。

3 (1) ヒマワリは，葉がしげった後に花
がさきます。実は花がさいた後にで
きます。

10 モンシロチョウの育ち方① P24·25

1 ①よう虫 ②さなぎ ③せい虫

2 ①さなぎ ②キャベツ

3 (1)①たまご ②よう虫 ③さなぎ
④せい虫

(2)キャベツ

4 (1)クワ (2)ミカン

ポイント

1 モンシロチョウは，たまご→よう虫
→さなぎ→せい虫のじゅんに育ちま
す。

2 モンシロチョウは，キャベツの葉の
うらがわにたまごをうみつけます。

3 (2) モンシロチョウのよう虫は，キャ
ベツの葉を食べて育ちます。よう虫
の間に4回皮をぬぎます。

4 カイコガのよう虫のえさはクワの葉
です。アゲハのよう虫のえさはミカン
やサンショウ，カラタチなどの葉で
す。

3

⑪ モンシロチョウの育ち方② P26·27

❶(1)食べません。　(2)イ

❷(1)たまごのから
　(2)4　(3)キャベツの葉

❸(1)クワ　(2)ウ

❹(たまご→)イ→オ→エ→ウ→ア

❺(1)ウ　(2)ウ

❶(2)　せい虫になるじきが近づくにつれ
　　て，はねのもようがすけて見えてき
　　ます。

❷(1)　モンシロチョウのよう虫は，たま
　　ごから出てくると，まず，たまごの
　　からを食べます。

❸(2)　よう虫のえさになるもののところ
　　に，たまごをうみます。

❺　モンシロチョウのよう虫はキャベツ
　の葉を食べて育つので，せい虫は，よ
　う虫のえさとなるキャベツの葉にたま
　ごをうみます。

⑫ こん虫のからだのつくり① P28·29

❶①頭　②むね　③はら

❷(1)①頭　②むね　③はら　④頭
　　⑤むね　⑥はら
　(2)はね…むね　あし…むね

❸①しょっ角　②口　③目

❹①はら　②6　③こん虫

❷(1)　モンシロチョウやショウリョウ
　　バッタのからだは，頭，むね，はら
　　からできています。
　(2)　こん虫のはねとあしは，むねにつ

いています。

❸　こん虫の頭には，目や口，しょっ角
がついています。目やしょっ角はまわ
りのようすを感じとる役目があります。

❹　こん虫はからだが頭，むね，はらの
3つの部分からできています。また，
あしは6本あります。

⑬ こん虫のからだのつくり② P30·31

❶(1)しょっ角　(2)あし　(3)ふし

❷(1)イ
　(2)しょっ角…あ　目…い　口…う

❸(1)むね　(2)むね　(3)こん虫
　(4)目，しょっ角（じゅんじょはちがっ
　　てもよい。）

❹ア名前…はね
　　ついている部分…むね
　イ名前…しょっ角
　　ついている部分…頭
　ウ名前…あし
　　ついている部分…むね

❶(3)　はらには，たくさんのふしがあっ
　　て曲がります。

❸(1)(2)　どのこん虫でも，あしやはねは
　　むねについています。
　(3)　からだが頭，むね，はらの3つの
　　部分からできていて，あしが6本あ
　　るなかまをこん虫といいます。

⑭ こん虫の育ち方① P32·33

❶①よう虫　②さなぎ　③たまご
　④よう虫

❷①よう虫　②さなぎ　③よう虫

3 ①完全へんたい　②不完全へんたい

4 ①不完全へんたい　②完全へんたい
③完全へんたい　④不完全へんたい

ポイント

1　モンシロチョウはたまご→よう虫→さなぎ→せい虫と育ちますが，ショウリョウバッタはさなぎにならず，たまご→よう虫→せい虫と育ちます。

2　カブトムシはさなぎになりますが，シオカラトンボはさなぎになりません。

3　こん虫の育ち方のうち，せい虫になるまでに，さなぎになる育ち方を完全へんたいといい，さなぎにならない育ち方を不完全へんたいといいます。

15 こん虫の育ち方② P34·35

1 (1)なります。　(2)なります。
(3)なりません。(4)なりません。
(5)完全へんたいです。
(6)不完全へんたいです。

2 (1)○　(2)×　(3)×　(4)×

3 (1)モンシロチョウ, カブトムシ, アゲハ
(2)アキアカネ，ショウリョウバッタ，シオカラトンボ

4 ①㋚　②㋔　③㋝
④㋓　⑤㋙　⑥㋕
⑦㋒　⑧×　⑨㋖
⑩㋛　⑪×　⑫㋜

ポイント

1　モンシロチョウやカブトムシは完全へんたいなので，せい虫になるまでにさなぎになりますが，シオカラトンボやショウリョウバッタは不完全へんたいなので，さなぎになりません。

3　チョウやカブトムシのなかまは，せい虫になるまでにさなぎになりますが，トンボやバッタのなかまは，さなぎになりません。

16 動物の食べ物とすみか① P36·37

1 ①落ち葉の下　②しめった

2 (1)キャベツの葉
(2)サンショウの葉

3 (1)花　(2)木　(3)草むら　(4)花
(5)木　(6)土の中　(7)草むら
(8)①食べ物　②かくれる

ポイント

2　チョウのしゅるいによって，よう虫が食べるものがちがっています。

3　動物は，食べるものがある場所に集まります。

17 動物の食べ物とすみか② P38·39

1 (1)×　(2)○　(3)○　(4)○

2 (1)①トノサマバッタ，ショウリョウバッタ
②ハナアブ，ベニシジミ
③アブラゼミ，ノコギリクワガタ
④カブトムシのよう虫
(2)①トノサマバッタ，ショウリョウバッタ
②ハナアブ，ベニシジミ
③アブラゼミ，ノコギリクワガタ
④カブトムシのよう虫

3 (1)①草むら　②花のみつ　③木
(2)㋐
(3)①花　②木　③木　④草むら

❶ ダンゴムシは日の当たらないしめった場所だけをすみかにします。

❸(1)(3) オオカマキリはバッタなどを食べます。バッタは草むらをすみかにしているので，それを食べるオオカマキリも草むらにいます。

⑱ たんげんのまとめ　P40・41

❶(1)①たまご　②せい虫　③さなぎ
　④よう虫
　(2)(①→)④→③→②
　(3)イ　(4)イ

❷(1)①頭　②むね　③はら
　(2)エ　(3)ア

❸(1)①完全へんたい　②不完全へんたい
　(2)カブトムシ…①
　　ショウリョウバッタ…②

❶(3)(4) モンシロチョウがキャベツの葉のうらがわにたまごをうみつけるのは，キャベツの葉がよう虫のえさとなるからです。

❷(2) こん虫のあしは6本あり，すべてむねについています。

❸(1) カブトムシはさなぎになり，ショウリョウバッタはさなぎになりません。

⑲ 風のはたらき①　P44・45

❶①風　②強い　③長い
❷①大きく　②遠く
❸①はやく　②おそく
❹風

❶ ものに風を当てると，風の力でものを動かすことができます。

❷ 風の力でものを動かすとき，風を強くすると，ものをより遠くまで動かすことができます。

❸ 風車は，風の力で回ります。当てる風を強くすると，風車の回るはやさがはやくなります。

❹ 板が間にあって風車に風が当たらなくなると，風車は回らなくなってしまいます。

⑳ 風のはたらき②　P46・47

❶(1)強くします。
　(2)長くなります。
❷(1)ア　(2)ウ　(3)弱く
❸(1)①弱い　②強い
　(2)ク　(3)強く　(4)強く　(5)サ

❶ 当てる風を強くすると，車はより遠くまで動くので，動くきょりは長くなります。また，よりはやく走るようになります。

❷ 風が弱くなると，風車の回るはやさはおそくなります。

❸ 当てる風の強さをかえることで，車の走るようすをかえることができます。

㉑ ゴムのはたらき①　P48・49

❶もとにもどろうとする
❷①もとにもどる　②もとにもどる
❸(1)①強く　②強く
　(2)もとにもどろう

ポイント

1　ゴムは，のばしたりねじったりすると，もとにもどろうとするはたらきがあります。

2　ゴムは，のばしたときだけでなく，ねじったときにも，もとにもどろうとします。

3　ゴムをのばす長さを長くしたり，ゴムの本数をふやすと，のばしたときやねじったときの，もとにもどろうとする力が強くなります。

22 ゴムのはたらき②　P50·51

1(1)㋑　(2)強くなります。

2(1)もとにもどろう　(2)長くする

3(1)㋐　(2)㋒

(3)㋐の車…(ゴムをのばす長さを)長くする。

㋒の車…(ゴムをのばす長さを)短くする。

4(1)ゴムが２本（のほう）

(2)ゴムが２本のときよりも強くなります。

ポイント

3(3)　ゴムをのばす長さを長くすると，より長いきょりを走るようになります。

4　ゴムの本数をふやすと，ゴムをのばしたときの手ごたえが強くなり，本数をへらすと，手ごたえは弱くなります。

23 太陽の動きとかげ①　P52·53

1

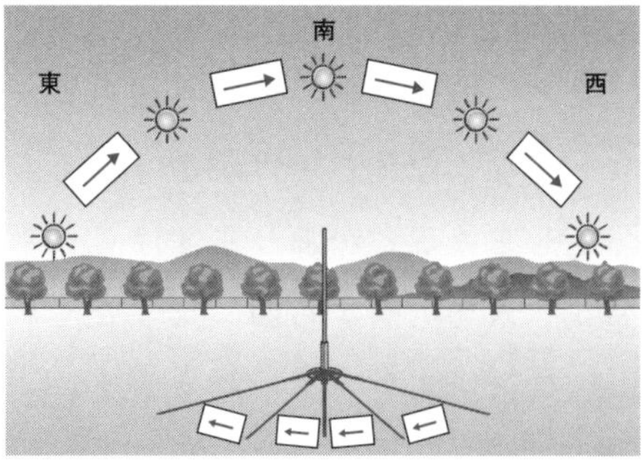

2(1)太陽の反対がわ　(2)かわります。

3①東　②南　③西

4①南　②北

ポイント

1　太陽は，東からのぼり，南の空を通って，西の空へと動いていきます。

3　太陽は東からのぼり，西にしずみます。

4　ほういじしんは，ほうい（東西南北）を知るために使います。ほういじしんのはりの色のついたほうが，北を指します。

24 太陽の動きとかげ②　P54·55

1(1)㋒　(2)㋑　(3)いち

2(1)①東　②西

(2)㋒　(3)かわります。

3(1)①ほういじしん

②東からのぼり，南の空を通って，西の空へと動いていきます。

(2)㋑

4(1)㋑　(2)㋓

(3)太陽…㋑，ぼうのかげ…㋐

ポイント

1(1)　かげは太陽とは反対がわにできま

す。

(2)　太陽が動くと，かげも動きます。

❸(2)　ぼうの近くにたてものや木があると，太陽が動いたときに日光が当たらなくなり，かげができなくなってしまうことがあります。

❹(3)　太陽が南から西に動くと，かげは反対に北から東に動きます。

25 温度計の使い方① P56・57

❶(1)えきだめ　(2)13℃

❷(1)㋐　(2)㋐　(3)㋑

❸②に○

[ポイント]

❶(2)　えきの先が，10℃の目もりから数えて上に３つ目の目もりのところにあるので，13℃です。

❷　地面の温度をはかるとき，日光が温度計に当たると，温度計があたためられてしまい，正しくはかれません。また，温度計はこわれやすいので，温度計で土をほってはいけません。

❸　温度計の目もりを読むときは，温度計と目が直角になるようにします。

26 温度計の使い方② P58・59

❶①26℃　②26℃　③27℃　④13℃
⑤13℃　⑥20℃

❷(1)㋒　(2)㋐，㋓

❸(1)㋑　(2)㋑

[ポイント]

❶　温度計のえきの先が目もりの線と線の間にあるときは，近いほうの目もりを読みます。

❷(2)　温度計の目もりを読むときに温度計と目がななめになっていると，温度計のえきの先のいちが，ずれて見えてしまいます。

❸(2)　温度計が日光であたためられると，温度計のしめす温度が，地面の温度よりも高くなってしまいます。

27 日なたと日かげ① P60・61

❶①明るい　②あたたかい
③かわいている

❷①日光　②温度

❸①明るさ　②地面の温度
③地面のしめりぐあい

❹㋐

[ポイント]

❶　日なたの地面は日かげの地面にくらべて，明るく，あたたかくなっています。また，かわいています。

❷　日なたの地面が日かげの地面よりもあたたかく，かわいているのは，日光によってあたためられているからです。

❸　明るい，暗いは，明るさを表すことばです。

❹　日なたの地面は日かげの地面よりも温度が高くなります。

28 日なたと日かげ② P62・63

❶(1)日なた　(2)日なた
(3)日なた　(4)日かげ

❷①日かげ　②日なた　③日なた
④日かげ

❸㋑

4 (1)温度計
(2)㋓

5 (1)①(日かげよりも) 明るい。
②(日かげよりも) あたたかい。
③(日かげよりも) かわいている。
(2)(日なたの地面は,) 日光(太陽の光)が当たっているから。

[ポイント]

1 日かげの地面は，日光が当たらないので，日なたよりも暗く，つめたくなり，しめっています。

2 ②③ 日光が当たっている日なたの地面は，あたたかく，かわいています。

4 地面の温度をはかるときは，土を少しほったところに温度計のえきだめを入れて土をかぶせます。また，日光が当たらないようにおおいをします。

29 たんげんのまとめ　P64･65

1 (1)太陽の反対がわにできます。
(2)㋓
(3)太陽が動くから。　(4)㋐
(5)①ほういじしん　②北

2 (1)日なた　(2)日かげ
(3)①㋐16℃　㋑20℃　②㋑

3 (1)㋒
(2)温度計にちょくせつ日光が当たると，正しい温度がはかれないから。

[ポイント]

1 (1) かげは，日光をさえぎるものから見て，太陽の反対がわにできます。
(2)(4) 太陽は東→南→西と動きます。太陽が東にあるとき，かげはぼうの西がわにでき，太陽が南にあるときは北がわにでき，太陽が西にあるときは東がわにできます。

2 日なたの地面は日光にあたためられるので，日かげの地面よりも温度が高くなり，かわいています。

3 (2) 日なたの地面の温度をはかるときは，温度計にちょくせつ日光が当たらないようにおおいをします。

30 かがみで日光をはね返す①　P68･69

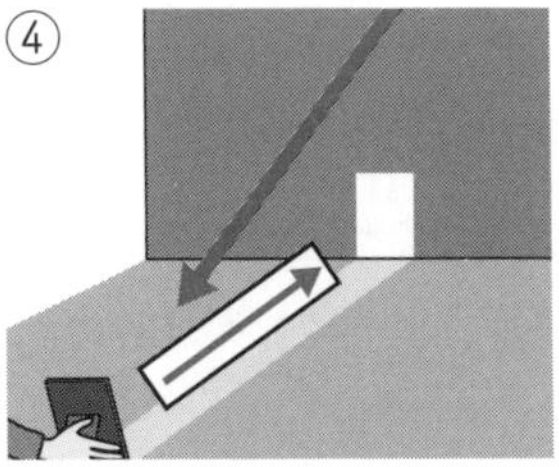

1 ①明るい　④
②あたたかい
③まっすぐに

2 ①まっすぐに
②まっすぐに

3 ①明るく　②あたたかく

4 (1)まっすぐに　(2)つないでいく

[ポイント]

1 かがみではね返した日光が当たったところは，まわりよりも明るく，あたたかくなります。

2 日光はまっすぐに進むので，かげもまっすぐになります。

3 はね返した日光が当たったところは，日なたのようすと同じになります。

31 かがみで日光をはね返す②　P70･71

1 (1)㋑　(2)はね返ります。

2 (1)③　(2)㋐

3 (1)はね返り，まっすぐに進みます。
(2)明るくなります。
(3)あたたかくなります。
(4)まっすぐに進むせいしつがあること。

4(1)日光が当たっているから。

(2)㋐

[ポイント]

1(1)　かがみに当たってはね返した日光も，まっすぐに進みます。

4　[あ]の部分には，かがみではね返した日光が当たっています。

32 日光を集める① P72・73

1①明るく　②あたたかく

2(1)小さく　(2)①明るく　②高く

3(1)㋐1　㋑2　㋒3

(2)㋒→㋑→㋐　(3)㋒→㋑→㋐

4(1)×　(2)○　(3)×

[ポイント]

1　何まいかのかがみを使って日光を集めると，1まいのときよりも明るく，あたたかくなります。

2　虫めがねを使うと，日光を集めることができます。虫めがねを図のように紙から遠ざけていくと，日光の集まる部分はしだいに小さくなっていきます。日光の集まる部分が小さくなるほど，明るさは明るくなり，温度は高くなります。

3　日光を集めるかがみの数がふえるほど，日光が当たっている部分は明るく，あたたかくなります。

33 日光を集める② P74・75

1(1)③　(2)㋐　(3)③　(4)㋐

2(1)小さいとき　(2)小さいとき

(3)高く（あつく）

3(1)いちばんたくさんのかがみで日光を集めているから。

(2)いちばんたくさんのかがみで日光を集めているから。

4(1)小さくなります。

(2)明るさ…明るくなります。

温度…高く（あつく）なります。

(3)虫めがねで日光を集めたところは，とても温度が高く（あつく）なるから。

[ポイント]

3　㋐の部分には，3まいのかがみで集めた日光が当たっています。

4　虫めがねで集めた日光を紙などに当てると，火がついてもえだすことがあるほど，温度が高くなります。

34 音① P76・77

1(1)強くたたいたとき

(2)大きいです。

2強くたたいたとき…㋒

弱くたたいたとき…㋑

たたく前…㋐

3(1)かわる

(2)①大きく　②止まる

4(1)ふるえて　(2)聞こえない

[ポイント]

1　たいこを強くたたくと，たいこの皮のふるえ方は大きくなり，大きな音が出ます。

2　たいこの上にのせた紙は，たいこの皮の動きをつたえています。紙の動きは，たいこを強くたたくと大きくなり，弱くたたくと小さくなります。たたく前にはたいこの皮は動いていない

ので，紙も動きません。

❸(2) 音を出しているトライアングルを
強くにぎるとふるえが止まり，音も
止まります。

㉟ 音②　　　　　　　　P78·79

❶(1)糸はふるえています。

(2)①はなす　②ぴんとはる

(3)ふるえています。

❷(1)大きい音が出ているもの…イ

小さい音が出ているもの…ア

音が出ていないもの…ウ

(2)ふるえていません。

❸(1)大きいとき

(2)ふるえています。

(3)止まる

❶(3)　糸電話の糸のかわりにはり金を
使っても声が聞こえるのは，はり金
がふるえているからです。

❷　わゴムギターのわゴムも，音が出て
いるときはふるえています。ふるえ方
が大きいと大きい音に，ふるえ方が小
さいと小さい音になります。

㊱ たんげんのまとめ　　　P80·81

❶(1)イ　(2)ア

(3)はね返ります。

❷(1)ア，エ

(2)止まります。(聞こえなくなります。)

❸(1)イ　(2)カ

(3)①動いている　②ふるえていない

❹ふるえない

❶　多くのかがみを使って光を集めるほ
ど，光が当たっているところは明る
く，あたたかくなります。

❷　ものをたたく強さが強いほど，ふる
え方も出る音も大きくなります。ま
た，ふるえを止めると，音も止まりま
す。

❸　たいこもわゴムギターも，ふるえて
いるときには音が出ていて，ふるえて
いないときには音が出ていません。

❹　糸電話の糸を指でつまんだり，糸が
たるんでいたりすると，糸はふるえず
声は聞こえません。

㊲ 電気の通り道①　　　　P82·83

❶①豆電球　②ソケット　③どう線
④＋　⑤－

❷①－　②わ　③電気

❸①フィラメント　②きょく
③切れている

❶　かん電池は，でっぱりのあるほうが
＋きょく，たいらなほうが－きょくで
す。

❷　わのようになった電気の通り道がで
きると，電気が流れます。

❸　豆電球がソケットのおくまで入らず
にゆるんでいたり，フィラメントが切
れていたりすると，電気の通り道がと
ちゅうで切れてしまうので，電気は流
れません。

㊳ 電気の通り道②　　　　P84·85

❶(1)流れています。

11

(2)流れていません。

2 (1)㋐　(2)㋑　(3)○　(4)○

3 ㋓

4 ①豆電球を新しいものにかえる。
②豆電球をソケットのおくまで入れる。
③どう線をかん電池のきょくにつける。

[ポイント]

1 (1)　豆電球は，電気が流れないと明かりはつきません。
(2)　電気の通り道が切れてしまうと，電気は流れません。

2 　ソケットを使わなくても，豆電球に電気を流して明かりをつけることができます。

3 　どう線がかん電池の＋きょくと－きょくについていないと，電気は流れません。

4 　フィラメントが切れてしまった豆電球はもう使えません。新しい豆電球ととりかえます。

39 電気を通すものと通さないもの① P86・87

1 ①○　②○　③×　④○　⑤×

2 ①○　②×　③○　④×　⑤○
⑥×　⑦○　⑧×

3 ①×　②○　③×　④○　⑤×
⑥○

4 ①金ぞく　②プラスチック

[ポイント]

1 　金ぞくは電気を通しますが，金ぞくではないものは電気を通しません。鉄やアルミニウムは金ぞくですが，紙や木は金ぞくではありません。

2 　銅や鉄は金ぞくですが，プラスチックやガラスは金ぞくではありません。

3 　電気の通り道のとちゅうに，金ぞくをつなぐと電気が流れて豆電球に明かりがつきますが，金ぞくではないものをつなぐと電気は流れません。

40 電気を通すものと通さないもの② P88・89

1 (1)つきません。
(2)電気を通さないから。
(3)つきます。

2 (1)通しません。　(2)つきません。
(3)つきます。

3 (1)ビニルは電気を通さないから。
(2)㋒　(3)①わりばし　②㋑

[ポイント]

1 　かんの表面にぬってあるものは，電気を通しません。

2 　紙は電気を通さないので，㋐のようになっているときは，電気の通り道ができません。

41 たんげんのまとめ P90・91

1 ㋒

2 ㋑，㋒，㋕

3 (1)㋑　(2)㋓　(3)㋒

[ポイント]

1 　かん電池の＋きょく→豆電球→かん電池の－きょくというように，わになった電気の通り道ができるようにします。

2 　電気を通すのは，銅や鉄，アルミニウムなどの金ぞくだけです。

42 ものの形と重さ① P94·95

1 ①重さ ②同じ

2 (1)①つり合う ②同じ
(2)かわらない

3 (1)はかり (2)てんびん

ポイント

2 ものは，形をかえても重さはかわりません。

3 ものの重さを調べるときは，台ばかりや電子てんびん(自動上ざらばかり)などを使います。てんびんは，ものの重さをくらべることはできますが，ものの重さはわかりません。

43 ものの形と重さ② P96·97

1 (1)台ばかり (2)てんびん
(3)重いほう

2 (1)60g (2)同じです。

3 (1)同じ (2)ウ

4 (1)イ (2)55g (3)ウ

ポイント

1 (3) てんびんにものをのせると，重いほうにかたむきます(重いほうが下がります)。

2 (2) ねん土をいくつかに分けても，全部の重さはかわりません。

3 (1) 形がちがっていても，てんびんがつり合っているので，重さは同じです。

4 (2) 100gのねん土を2つに分けても，それぞれのかたまりの重さを合わせれば100gになります。

44 ものの体積と重さ① P98·99

1 同じ

2 ①ちがい ②重い

3 ちがう

4 (1)× (2)○ (3)× (4)○

ポイント

1 ものが同じで体積も同じならば，重さも同じになります。

2 ものが同じでも，体積がちがうと，体積が大きいほうが重くなります。

3 ものがちがうと，体積が同じでも重さがちがうことがあります。

45 ものの体積と重さ② P100·101

1 (1)ウ (2)(い)

2 (1)(あ) (2)(あ)

3 (1)ア (2)イ

ポイント

1 (1) てんびんがつり合うのは，てんびんにのせたものの重さが同じときです。同じ小麦こなので，重さが同じなら体積も同じです。

2 てんびんは，のせたものが重いほうにかたむきます。てんびんが(あ)のほうにかたむいていることから，(あ)が重く，体積が大きいことがわかります。

46 たんげんのまとめ P102·103

1 (1)エ (2)150g
(3)150g (4)しゅるい

2 (1)イ (2)イ (3)エ

ポイント

1 (1)~(3) 図から，次のことがわかりま

13

す。

・㋐と㋑の重さは同じ。

・㋑は㋒よりも重い。

・㋓は㋐よりも重い。

㋐は㋑と同じ重さなので，㋓は㋑よりも重いことがわかります。このことから，いちばん重いのは，㋓だとわかります。

[2] ものは，形をかえたり，いくつかに分けたりしても，全体の重さはかわりません。また，同じものならば，重さが同じならば体積も同じです。

47 じしゃくにつくものとつかないもの① P106・107

[1]①×　②×　③○　④○　⑤×

[2]①×　②○　③×　④○　⑤○

[3](1)鉄　(2)鉄　(3)引きつける

[4]①×　②○　③×　④×　⑤○

ポイント

[2] 金ぞくでも，鉄でないものは，じしゃくにつきません。

[3](3) 間にすき間があったり，紙などをはさんだりしても，じしゃくは鉄を引きつけます。

[4] うで時計やじきカード，ノートパソコンなどは，じしゃくのはたらきでじょうほうが記ろくされているので，じしゃくを近づけると，記ろくされていたじょうほうがこわれてしまいます。

48 じしゃくにつくものとつかないもの② P108・109

[1](1)引きつけます。　(2)引きつけます。

(3)引きつけます。

(4)㋐

(5)かわります。

[2](1)さ鉄　(2)㋐

[3](1)①㋐　②㋑

(2)スプーン③

ポイント

[1] じしゃくははなれていても，鉄を引きつけます。

[2] すなの中にあるさ鉄は，鉄をふくんでいるので，じしゃくにつきます。

[3](1) 空きかん①はじしゃくにつくので，鉄でできているとわかります。空きかん②は豆電球の明かりがついてもじしゃくにはつかないので，アルミニウムでできているとわかります。

(2) プラスチックは電気を通さないので，豆電球の明かりがつかなかったスプーン③が，プラスチックでできているとわかります。

49 じしゃくのせいしつ① P110・111

[1]①Nきょく　②Sきょく

[2]①引き合う　②引き合う

③しりぞけ合う　④しりぞけ合う

[3]①北　②南

[4](1)きょく

(2)①ちがう　②同じ

(3)①北　②南

ポイント

[2] じしゃくは，同じきょくどうしはしりぞけ合い，ちがうきょくどうしは引き合います。

[3] じしゃくは，自由に動くようにして

おくと，南北を指して止まります。こ
のとき，Ñきょくが北を，Ŝきょくが
南を指します。

❹ じしゃくの，鉄を強く引きつける部
分をきょくといいます。

❶(1)引き合います。　(2)引き合います。
(3)しりぞけ合います。
(4)しりぞけ合います。

❷(1)ⓦ　(2)あります。

❸(1)①北　②南　(2)ⓘ
(3)ⓐ　(4)できません。

ポイント

❶　ＮきょくとＳきょくは引き合います
が，ＮきょくとＮきょく，ＳきょくとＳ
きょくはしりぞけ合います。

❷　ほういじしんのはりの色のついてい
るほう（Ｎきょく）は，北を指します。

❸　ほういじしんのはりの色のついたほ
うはＮきょくなので，じしゃくのＮ
きょくを近づけると，じしゃくからは
なれるように動きます。はりの色のつ
いていないほうはＳきょくです。

❶(1)じしゃく　(2)同じ向き

❷(1)ほかの鉄やさ鉄
(2)ふれ方がかわる。　(3)南北

❸(1)あります。(2)なります。

ポイント

❶　じしゃくについた鉄や，じしゃくで
こすった鉄は，じしゃくになることが
あります。

❷　鉄を引きつけたり，南北を指したり，
ほういじしんのはりがふれたりしたの
は，くぎがじしゃくになったからです。

❶(1)ⓐ　(2)ⓘ　(3)ⓘ

❷(1)ⓐ
(2)Ｓきょくになっています。
(3)ⓘ

❸(1)じしゃくになったこと。
(2)南北を指して止まります。

ポイント

❷　鉄をじしゃくで同じ向きにこする
と，鉄がじしゃくになります。

❸　じしゃくになったくぎを水にうかべ
ると，ほういじしんと同じように，南
北を指して止まります。

❶(1)ⓘ　(2)ⓐ　(3)ⓦ　(4)鉄

❷(1)引き合います。　(2)ⓔ

❸(1)Ｎきょく　(2)ⓘ

ポイント

❶(1)　金ぞくでも，じしゃくにつくのは
鉄だけです。

(2)(3)　アルミニウムは，金ぞくなので
電気を通しますが，じしゃくにはつ
きません。

(4)　かんなどが何でできているかわか
らないとき，じしゃくにつけば，鉄
でできているとわかります。

❷(2)　じしゃくの力は，はなれていても
はたらくので，間に紙を立てても引
き合ったり，しりぞけ合ったりしま

15

す。

[3](1)　北を指すほうはNきょくなので，とがっているほうがNきょくだとわかります。

54 3年生のまとめ①　P122·123

[1](1)㋒　(2)㋒　(3)実　(4)㋓

[2](1)3つ　(2)むね　(3)むね　(4)㋓

[3](1)㋐21℃　㋑16℃　(2)㋐

[ポイント]

[1]　ホウセンカなどの植物は，かれた後に，たくさんのたねがのこります。

[2]　こん虫はむねに6本のあしがついています。また，はねがあるこん虫は，はねもむねについています。

[3]　日なたと日かげのようすをくらべると，日なたのほうが明るく，あたたかくなっています。

55 3年生のまとめ②　P124·125

[1]①×　②○　③○　④×　⑤○
⑥○

[2]㋒，㋓

[3](1)㋒
(2)明るさ…明るくなります。
温度…あたたかくなります。(高くなります。)
(3)はね返ります。

[4](1)㋑　(2)動きます。

[ポイント]

[1]　かん電池の＋きょくから豆電球を通り，かん電池の－きょくまでの電気の通り道ができると，豆電球に明かりがつきます。豆電球のソケットを使わなくても，豆電球に明かりをつけることができます。

[2]　じしゃくは，NきょくとSきょくとが引き合います。

[3]　かがみなどを使って光を重ねていくと，重なった部分は明るく，あたたかくなります。

[4](1)　鉄のくぎをじしゃくで同じ向きに何度もこすると，くぎがじしゃくになります。
(2)　じしゃくの力は紙が間にあってもはたらきます。

56 3年生のまとめ③　P126·127

[1](1)㋑　(2)強くします。　(3)㋖
(4)もとにもどろうとする力

[2](1)大きいです。
(2)していません。

[3](1)㋑
(2)①たるんで　②ふるえていない

[4](1)すな　(2)㋓

[ポイント]

[1](1)(2)　風の力で走る車は，風の強さが強いほど動くきょりが長くなります。

[3]　糸電話の糸がたるんでいるとふるえないので，声はつたわりません。

[4](1)　①で，同じ重さのとき，すなのほうが小麦こよりも体積が小さくなっています。すなを小麦こと同じ体積にするためには，すなの体積を大きくするひつようがあります。すなの体積をふやすので，すなのほうが重くなります。

2409R1